Midjourney

古风插画设计

与创作教程

U0246194

王常圣 ◎ 著

北京大学出版社

PEKING UNIVERSITY PRESS

内容提要

这是一本详尽地介绍如何使用 Midjourney 进行古风插画创作和生成的指南，共分为 7 章，从基础操作到高级技巧，从理论探索到实践应用，全面解析了 Midjourney 在古风艺术创作中的强大功能和广泛用途。

首先，介绍了 Midjourney 的入门知识，并探讨了其社区和图像库的使用，帮助读者快速入门。其次，详细解释了 Midjourney 的参数指令，使读者了解创作的初阶设置。再次，讨论了 Midjourney 的高级权重使用技巧、灯光氛围和视角构图控制，指导读者如何利用艺术家库挖掘新的艺术风格，进阶艺术创作。然后，将内容聚焦在古风插画的特点和元素类型上，并探讨了古风人物插画和古代建筑、山水、诗词意象的绘画，通过这些综合案例讲解了创作技巧。最后，展示了 Midjourney 在商业领域的应用，涵盖了电商、平面设计、游戏、漫画、服饰和室内设计等行业的实际案例，为读者提供了丰富的商业应用参考。

通过阅读本书，读者不仅能深入理解 Midjourney 的技术原理和操作方法，还能学会将这些技术应用于实际的古风插画创作中。本书适合所有热爱艺术、渴望探索 AI 绘画新领域的艺术家、设计师、技术爱好者，以及相关的专业人士。

图书在版编目（ＣＩＰ）数据

Midjourney 古风插画设计与创作教程 / 王常圣著 . —— 北京：北京大学出版社，2024. 12. —— ISBN 978-7-301-35687-6

Ⅰ . TP391.413

中国国家版本馆 CIP 数据核字第 2024H91J96 号

书　　　　名	Midjourney 古风插画设计与创作教程	
	Midjourney GUFENG CHAHUA SHEJI YU CHUANGZUO JIAOCHENG	
著作责任者	王常圣 著	
责 任 编 辑	刘　云	
标 准 书 号	ISBN 978-7-301-35687-6	
出 版 发 行	北京大学出版社	
地　　　址	北京市海淀区成府路 205 号　100871	
网　　　址	http://www.pup.cn　新浪微博：@ 北京大学出版社	
电 子 邮 箱	编辑部 pup7@pup.cn　总编室 zpup@pup.cn	
电　　　话	邮购部 010-62752015　发行部 010-62750672　编辑部 010-62570390	
印 刷 者	北京宏伟双华印刷有限公司	
经 销 者	新华书店	
	787 毫米 ×1092 毫米　16 开本　11 印张　309 千字	
	2024 年 12 月第 1 版　2024 年 12 月第 1 次印刷	
印　　　数	1-3000 册	
定　　　价	79.00 元	

前言

在人工智能迅速发展的时代，艺术与科技的融合正不断推动艺术创新的浪潮，人工智能在艺术创作中的应用已经从理论跨入了实践，并重新定义了艺术的创作方法和创作结果。本书旨在展示这一变革如何触及古风艺术，并通过 Midjourney 这一强大的 AI 工具，引领读者步入一个充满创造力的艺术世界。

本书不仅是关于如何使用 Midjourney 进行古风插画的技术手册，更是一次深入的探索，阐述了这一工具如何在古风插画中实现多样化的形象和场景生成。本书详细介绍了从 Midjourney 基础设置到复杂的 MJ 参数原理，以及如何利用各种提示词生成具有艺术感的古风插画，为读者提供了一系列清晰的案例分析，帮助读者全面掌握 AI 生成古风艺术图像的技巧。随着内容的深入，本书展示了如何通过 Midjourney 探索和实现古风插画的精细元素和丰富风格。这包括对古风配饰、动物、花鸟、人物和建筑场景等细节的详尽描述，展示了传统风格与现代时尚风格的融合，以及如何将古风诗词氛围转化为图像，重构山水与建筑意境。此外，书中还探讨了这些插画在商业领域的应用，通过丰富的案例和实际操作，引导读者理解和应用这一强大的 AI 工具。

通过本书，读者会学习到如何将 Midjourney 的高级功能和创意提示词结合起来，创作出具有个性和深度的古风作品。从技术层面到艺术表达，从个人项目到商业应用，本书为愿意深入探索 AI 和古风艺术结合的创作者提供了宝贵的知识和灵感。

本书旨在激发读者的创造力，带领读者实现传统艺术与现代技术的无缝结合，开启艺术创新之路。我们期待你能找到新的灵感，用 Midjourney 创作出属于你的独特古风画卷。

王常圣

温馨提示： 本书所涉及的资源已上传至百度网盘，请读者关注封底的"博雅读书社"微信公众号，找到"资源下载"栏目，输入本书 77 页的资源下载码，根据提示即可获取。

目录

05 第 5 章 Midjourney 古风人物创作

04 第 4 章 Midjourney 古风元素创作

06 第 6 章 Midjourney 古风主题场景创作

07 第7章 AI 古风插画商业应用案例

第1章 初识 Midjourney

Midjourney 作为一款 AI 绘画工具，凭借其强大的图像生成能力和易于使用的操作界面，迅速成为众多艺术家和设计师的首选工具。与传统的绘画工具不同，Midjourney 能够通过用户输入的提示词快速生成高质量的图像。并且，其界面设计简洁、操作简单，它不仅提高了创作效率，还为创作者提供了无限的创作灵感。

1.1 Midjourney 入门概述

AI 绘画已经成为一种新兴的艺术形式，它不仅改变了我们对艺术的理解，也为我们提供了一种全新的方式来提升自身的综合竞争力。AI 绘画是一种融合了艺术和科技的创新形式，可以帮助我们提升自己的技术素养，强化自己的创新思维和审美品位。它的运作模式完全不同于传统美术依靠手头功夫的表达和精准的造型能力，而是更依靠创作者的美学素养、想象力和创造力，将我们真正带入了"人人皆为艺术家"的时代。

Midjourney 作为 AI 绘画的主流工具，主要有以下几个强大的作用，借助它，每个人都可以实现绘画梦想。

★ 快速生成高质量的图像，提高创作效率。

★ 探索不同的艺术风格和主题，拓宽创作视野。

★ 利用 AI 的强大功能，完成商业级图像的生成。

总之，Midjourney 不仅是一款强大的工具，更是一种新的艺术创作方式。接下来，我们将系统地讲解如何注册与使用这个工具，为后续的学习打下基础。

1.1.1　账号注册与绑定

要想使用 Midjourney，首先需要有一个 Discord 账号。

01 访问 Discord 的官方网站，在打开的界面的右上角，会看到一个醒目的"打开 Discord"按钮，如图 1-1 所示。

02 单击"打开 Discord"按钮，将会弹出一个注册页面，在其中单击"注册"链接，如图 1-2 所示。

03 在注册界面中输入邮箱、用户名和密码等信息，如图 1-3 所示。设置完这些基本信息后，你将会收到一封验证邮件，单击邮件中的链接即可完成注册。

> 提 示
>
> Discord 不仅有浏览器版本，还有桌面和移动应用版本。这意味着无论你身处何地，都可以随时使用 Discord 进行 AI 绘画的创作。

图 1-1

图 1-2

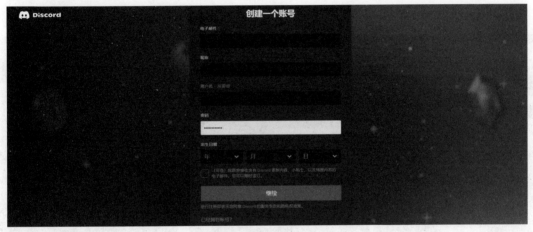

图 1-3

04　注册完之后关闭页面，重新登录账号，在打开的页面中，左下角有"探索可发现的服务器"图标，单击该图标进入界面，可以看到排在榜首的就是 Midjourney，如图 1–4 所示。

图 1-4

05 单击进入 Midjourney，然后在 Discord 上创建个人服务器。单击左侧的"+"图标开始添加服务器，如图 1-5 所示。

06 在打开的页面中选择"亲自创建"，然后在打开的选项中选择"仅供我和我的朋友使用"，如图 1-6 所示。

07 在打开的页面中，可以为服务器命名，并上传一个有代表性的图标，然后单击"创建"按钮即可，如图 1-7 所示。

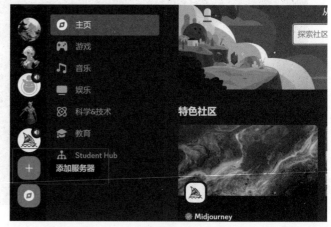

图 1-5

图 1-6

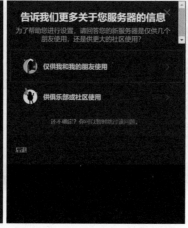

图 1-7

08 在创建完成的页面中选择"添加您的首个 APP"选项，如图 1-8 所示，然后在新页面中单击"来看看吧"按钮，如图 1-9 所示。

图 1-8

图 1-9

09 在打开的新页面（用 APP 自定义您的服务器）下方输入 "midjourney" 名称，如图 1-10 所示。然后按回车键，选择最上面的 "Midjourney Bot"，如图 1-11 所示。

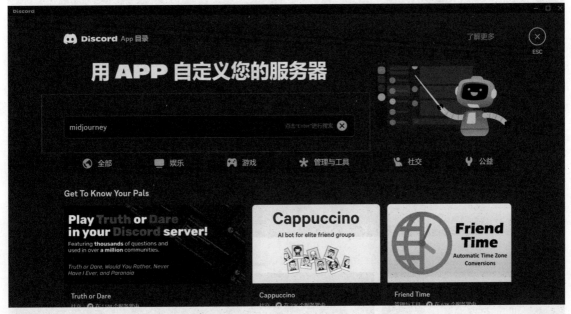

图 1-10

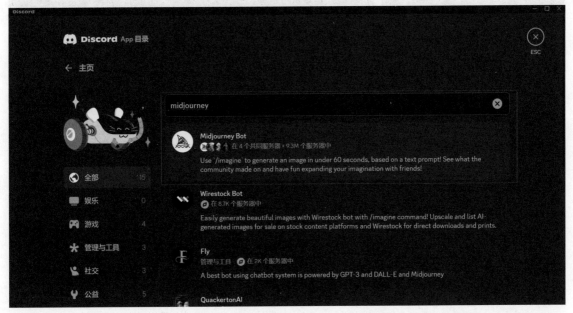

图 1-11

10 选择该工具后，在弹出的页面中单击 "添加 APP" 按钮，再选择 "添加至服务器"，如图 1-12 所示。在弹出的界面中选择之前创建的服务器，单击 "继续" 按钮即可，如图 1-13 和图 1-14 所示。

图 1-12

图 1-13

图 1-14

注意：单击"探索可发现的服务器"图标后，在界面中输入"nijijourney"，如图 1–15 所示。按回车键进入 nijijourney 主页，在"图像生成 –3"区域找到 nijijourney 机器人，单击机器人图标，如图 1–16 所示。在弹出的界面中单击"添加 APP"按钮，如图 1–17 所示。在弹出的界面中选择之前已经创建好的服务器，单击"继续"按钮，如图 1–18 所示，即可完成部署。

使用 Midjourney 机器人非常简单。在服务器中，直接向机器人发送指令，例如"/imagine"，即可开始绘画。机器人会根据指令进行操作，再将完成的作品发送回服务器。为了优化创作流程，利用上述方法创建一个专门的频道，可以避免自己的提示词和生成的图像展示在公共频道中，确保作品得到适当的保护（如果需要进行商用，可以订阅会员服务，其中包含隐身模式，别人无法查看你生成的提示词和图像）。

图 1-15

图 1-16

图 1-17

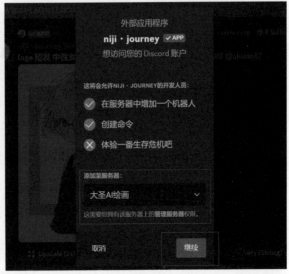

图 1-18

1.1.2　会员服务

注册完 Discord 账号后，下一步就是订阅 Midjourney 会员（目前 Midjourney 已经不提供新账号免费的出图额度），在对话栏输入 "/subscribe" 后单击 "Manage Account" 图标就可以进行订阅，如图 1-19 所示。

图 1-19

Midjourney 提供了多种会员计划，以满足不同用户的需求，如图 1-20 所示。基本计划每月 10 美元，提供 200 张图的出图额度；标准计划每月 30 美元，提供 15 个小时的快速模式使用时长；而专业计划和大型计划则分别为每月 60 美元和 120 美元，提供更多的快速模式和隐身选项等。订阅时可根据自己的需求和使用量选择合适的计划。

图 1-20

选择相应的计划后单击 "订阅" 图标，跳转到支付页面后可选择 "支付宝" 支付，如图 1-21 所示。

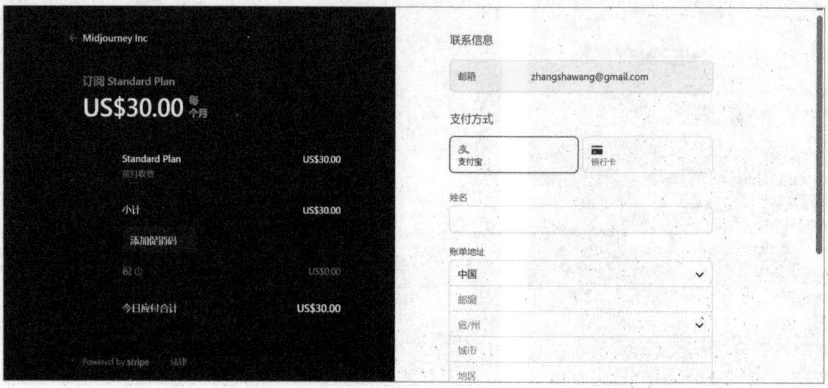

图 1-21

1.2 Midjourney 首页介绍

1.2.1 主页社区和特定风格频道

在 Midjourney 主页社区，可以遇到很多志同道合的朋友。这里常用的频道有公共生成频道、超级用户频道和主题图像生成频道。

1. 公共生成频道

单击"Midjourney"进入服务器，可以找到不同的频道，如图 1-22 所示。此处我们进入的是公共生成频道"NEWCOMER ROOMS"。可以选择在此生成作品，也可以选择在此观看其他用户生成的作品。

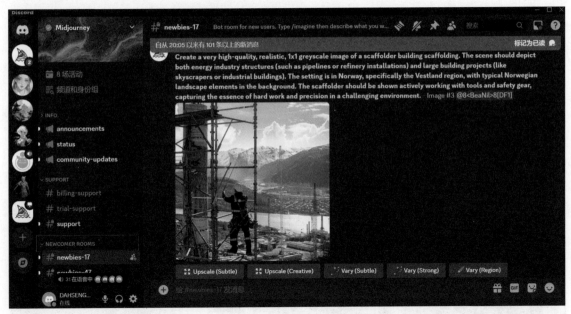

图 1-22

2. 超级用户频道

在左边栏目中继续向下滑动鼠标，可以看到 Midjourney 还有一个专门的超级用户频道"SUPER-USER-CLUBS"。经过长时间的提示词创作和 AI 生成练习，用户即可成为富有经验的"AI 导师"。在超级用户频道中，我们可以看到经验丰富的 AI 艺术创作者分享他们最新生成的图像和提示词用法，如图 1-23 所示。

图 1-23

3. 主题图像生成频道

在左边栏目中继续向下滑动鼠标，可以看到 Midjourney 的主题图像生成频道"THEMED IMAGE GEN"。在特定的频道中可以找到志同道合的朋友，针对特定的艺术主题进行 AI 图像探讨和展示。该频道中有每日主题、抽象画、环境等不同的主题，如图 1–24 所示。

图 1-24

1.2.2　图像库的使用

图像库是 Midjourney 最为重要的功能之一，在这里可以看到优质的 AI 生成图像和社群中高评分的作品，也可以下载自己的作品并进行备份和整理。以下是对 Midjourney 图像库的详细介绍。

1. 主页

在 Midjourney 界面的上方单击"Explore"可以访问图像库，这里展示了所有非隐身用户生成的图像，图像库的主页如图 1-25 所示。在页面上方可以看到"Random"（随机图像）、"Hot"（热门图像）、"Top Day"（今日热门图像）和"Likes"（我喜欢的图像）几个选项。用户在完成1000 次图像生成后，即可解锁使用网页绘图的功能，可以根据自己的喜好选择在网页或 Discord 上生成图像。如果想要找到灵感并参考别人的提示词和生成内容，可以在右上方的"Search"搜索框中输入提示词来检索别人创建的图像。例如输入"dog"，可检索出不同风格的狗的生成图像，如图 1-26所示。

图 1-25

图 1-26

2. 探索

在探索（Explore）部分，通过图像案例可以加速我们学习提示词和生成图像的过程。在探索案例图像的过程中，可以不断地学习热门提示词，从而积累和发掘出风格独特的提示词组合，从而掌握提示词生成图像的规律。

单击"Hot"图标，然后选择一张图片，如图 1-27 所示。

图 1-27

在右边区域可以查看生成该图像的完整提示词和其他指令，如图 1-28 所示。

图 1-28

单击放大镜图标可以检索类似主题和表现形式的图像。

单击爱心图标可以收藏图像到 Likes 列表，方便我们整理出适合自己学习、研究的提示词图形库（当我们需要生成某个类型的图像时，可以优先在 Likes 列表中寻找收藏的高质量图像）。

1.3　Midjourney 提示词创作

1.3.1　提示词公式介绍

在使用 Midjourney 进行创作时，编写提示词的质量决定了生成图像的效果。为了帮助用户更加便捷地编写高质量的提示词，我们总结出了一个提示词公式，即【链接＋主体＋细节＋色彩＋情感＋构图＋灯光＋风格＋版本＋指令＋画幅】。该公式的主要构成见表 1-1。

表 1-1　提示词公式的主要构成

构成	描述
垫图链接	参考图像、参考风格、参考角色（非必要）
主体词 / 主题词	图像的主要内容或主题，决定了图像的核心元素
细节词	丰富主体的细节
色彩词	控制画面的色调或具体对象的色彩
虚词	使图像更具情感和随机性
镜头词 / 构图	限定图像的构图和视角，如俯视图、特写等
灯光词	明确灯光类型和效果
风格词 / 艺术家词	决定图像的主要风格流派或受到哪些艺术家影响
模型版本	选择使用的 Midjourney 模型版本，如 V 系列或 NIJI 系列的具体版本
模型指令	否定词、种子值、样式值、混乱值、图像及提示词权重（IW）等
图像画幅	指定图像的宽高比例

在整个提示词公式的主要构成中，主体词和艺术家词是核心部分，它们对图像的最终效果影响最大。因此，在创作过程中，要特别重视主要内容的创意性和准确性，并选择适合主题的艺术家。其他部分也会对画面的最终效果产生影响，例如，虚词的使用可以进一步丰富画面的情感特征和整体效果。常用的虚词包括情感词、抽象词，以及与画面联系不紧密的词语。在后续的实践案例中，我们将详细介绍各种虚词的使用方法。

提示词公式的应用效果如图 1-29 所示。

垫图链接：不添加
主体词 / 主题词：英俊的年轻男子骑在独角兽上
细节词：背景为古建筑
色彩词：西瓜色调
虚词：具有压倒性的力量感
镜头词 / 构图：极端特写，仰角
灯光词：无灯光描述
风格词 / 艺术家词：平面插画，齐白石风格
模型版本：V6
模型指令：风格值 100
图像画幅：--ar 16:9

图 1-29

1.3.2　微调提示词的创作方法

在使用 Midjourney 创作图像时，经常需要对提示词进行微调，以达到理想的画面效果。微调提示词的常用方法有两种：微调主体词和微调艺术家词。

1. 微调主体词

微调主体词适用于已经找到满意的艺术家风格或找到艺术家组合风格的情况，这时只需微调主体词，就可以将这些艺术家风格应用于不同主体的画面中。

操作示例：修改主体词前，画面为可爱的古风少女，如图 1-30 所示；调整主体词和相关细节后，画面为剑仙老者，留着白胡须和长头发，穿着古代长袍，手持长剑，站在山顶，充满神秘气息，戏剧性背景，如图 1-31 所示。通过这两张图可以看到，虽然主体和相关细节发生了变化，但风格和艺术家提示词保持不变，从而保持了一致的艺术风格。

图 1-30

图 1-31

💬 提示词

A cute girl with black hair, big eyes and light green tassels on her earrings, wearing white traditional costume, closeup of her face, simple background, in the style of watercolor, simple lines, in the style of traditional Chinese illustration, best quality --niji 6 --ar 3:4

💬 提示词

Sage swordsman with long white beard and hair, wearing ancient robes, holding a sword, standing on a mountain peak, exuding a mystical aura, dramatic background, watercolor style, simple lines, in the style of traditional Chinese illustration, best quality --niji 6 --ar 3:4

2. 微调艺术家词

当用户需要进行某个商业主题或固定主题的创作时，可以先写好主题、主体内容和细节提示词，然后不断尝试不同的艺术家风格，从而搭配出最适合该主题的艺术家提示词。

操作示例：通过图 1-32 和图 1-33 可以看到，虽然主体词和相关细节词保持不变，但艺术家提示词和风格提示词发生了变化，从而获得了不同的艺术效果。这个操作示例展示了如何通过微调艺术家词来得到不同的风格，从而找到更适合特定主题的艺术效果。

图 1-32

图 1-33

 提示词

Chinese Peking Opera facial makeup, "little red book" style illustration of cyberpunk robot with Chinese opera headdress, background is dark crimson and sky blue gradient color, high detail, cyber punk, surrealism, poster art by Greg Rutkowski, detailed crowd scenes, hyperrealistic oil painting, largescale muralist, low angle shot, movie lighting --ar 3:4 --niji 6

提示词

Chinese Peking Opera facial makeup, "little red book" style illustration of cyberpunk robot with Chinese opera headdress, background is dark crimson and sky blue gradient color, high detail, cyber punk, surrealism, in the style of crosshatching lines, ink wash, inspired by Zhang Daqian and Qi Baishi, detailed crowd scenes, hyperrealistic oil painting, largescale muralist, low angle shot, movie lighting --ar 3:4 --niji 6

第2章

Midjourney 创作初阶设置

本章我们将深入探讨 Midjourney 的设置技巧。通过介绍各种指令的设置，帮助用户更好地掌握 Midjourney 的基本功能与操作技巧。熟练地设置指令将为后续的创作奠定坚实的基础，从而使用户更有效地利用 Midjourney 进行艺术创作。

Midjourney 常用指令详解

2.1.1　Midjourney 的容错机制与违禁词

1. Midjourney 的容错机制

Midjourney 主要通过文本提示词生成图像，当文本出现语法或拼写错误时，可能会导致生成的图像与预期大相径庭，用户的体验感也会随之下降。但 Midjourney 具有一定的容错机制，能够识别一些微小的差错。

图 2-1 中两张生成图的提示词分别为拼写正确的 beautiful 和拼写错误的 beauttful，Midjourney 都能够识别并生成图像。所以，Midjourney 的容错机制能够在一定程度上纠正拼写错误，确保用户得到他们所期望的艺术作品（但是如果单词输入严重错误，Midjourney 将无法识别）。

提示词
beautiful

提示词
beauttful

图 2-1

2. Midjourney 的违禁词

Midjourney 有一个内置的违禁词列表，以防止用户生成不恰当的内容。这是一个重要的安全措施，确保该工具不会被用于生成不道德或非法的图像。官方禁止创作人类或动物身体部位的分离，以及血腥、暴力、色情等其他攻击性内容。内容指南会不断审查，并可能随着 Midjourney 社区的发展而进行修改，要避免使用这类词汇，严重者会受到封号处理。

2.1.2　Tile 和 Weird 指令

1. Tile 指令

　　使用 Tile（平铺）指令生成的图像可作为织物、壁纸和纹理等无缝图案。图 2–2 便是输入 "/image Flower pattern ––tile" 生成的花的平铺图案。除此之外，还可以配合其他模型和风格生成不同的图案效果。

2. Weird 指令

　　Weird（怪异）指令的使用方法是在提示词末尾输入 "––weird" 或 "––w"，该指令可以用于探索非传统的美学效果。此指令为生成的图像引入了古怪和另类的元素，从而产生独特和意想不到的效果。如果对热门提示词的生成图像感到审美疲劳，不妨试试这个功能。

图 2-2

　　怪异指令是一个具有高度实验性的功能，与 Seed（种子值）指令不完全兼容。怪异的可接受值为 0~3000，通常默认为 0。

　　在提示词中输入 "cyanotype dog ––ar 1:1 ––niji 5 ––weird 0" 和 "cyanotype dog ––ar 1:1 ––niji 5 ––weird 1500"，得到的效果分别如图 2–3 和图 2–4 所示，可以看出越高的怪异值会生成越怪异、越不同寻常的画面。

图 2-3

图 2-4

2.1.3　叠图、Blend 及 Seed 指令

1. 叠图指令

　　叠图是 Midjourney 中极具实用价值的功能，当我们想要让 Midjourney 按照素材或者指定的色彩

进行图像生成时，就需要用到叠图功能，以实现更加精确的绘图。在 Midjourney 中，叠图生成的图像会和原图有所区别，或是调整了角度，或是反转了方向，或是融合了风格等。

叠图的使用方法

01　在工作窗口中单击"+"图标，选择"上传文件"，或者直接拖曳图像到工作窗口中，并按回车键，如图 2-5 所示。

图 2-5

02　上传完成后，图像会显示在工作窗口中。右击图片，在弹出的快捷菜单中选择"复制链接"命令，如图 2-6 所示。

图 2-6

03　输入"/imagine"指令，按"Ctrl+V"组合键粘贴之前复制的图片地址，然后按空格键（空格用来区分图片地址和提示词指令），输入提示词指令，确定后即可开始生成图像，如图 2-7 所示。

图 2-7

2.Blend 指令

Blend（混合图像）指令提供了混合图像的功能，它可以将多张图片融合为一张新的图片。在对话栏中输入"/blend"，如图 2-8 所示，在给出的提示中单击"image1"和"image2"按钮，然后在弹出的图像框中单击"Drag and drop or click to upload file"上传多张图像进行融合，如图 2-9 所示。此处我们上传了两张女性的图像，单击"增加 4"可以上传更多的图像，如图 2-10 所示。

图 2-8

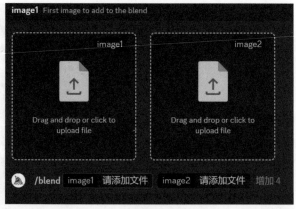

图 2-9

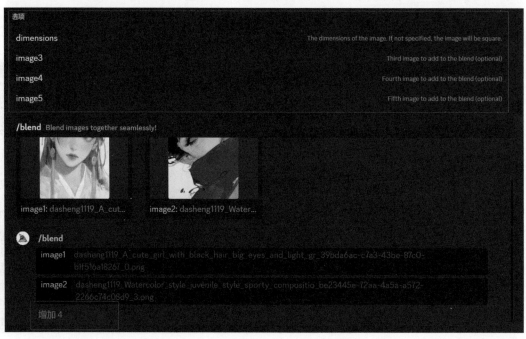

图 2-10

最上方显示了"dimensions"，选择该选项可以设置不同的图像类型，分别为 Portrait（肖像）、Square（方形）和 Landscape（风景），如图 2-11 所示。三种类型对应的宽高比默认是 Portrait 为 2:3，Square 为长宽等比，Landscape 为 3:2。图像混合的操作很简单，在 MI 和 NIJI 模型中都可以使用，但它的缺点是无法输入提示词。

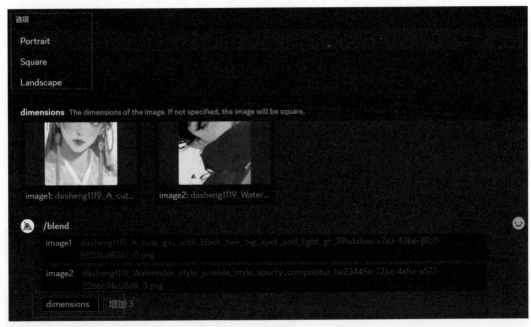

图 2-11

3. Seed 指令

　　第三种控制图像的方法为使用 Seed（种子值）指令。Midjourney 在生成图像时会随机调用种子值来生成图像。因为种子值都是随机数值且每次都不一样，所以使用同一组提示词进行重复生成，也会有不尽相同的效果。如果种子值固定，就可以生成相同的图像。

获取 Seed 的方法

　　01　在 Midjourney 生成图像后，单击右上的"更多"图标，如图 2-12 所示。在弹出的列表中选择"添加反应"选项，如图 2-13 所示。在子列表中找到并单击"信封"图标，如果没有"信封"图标，则选择"显示更多"，在弹出的页面中输入"env"，即可弹出"信封"图标，如图 2-14 所示。

图 2-12　　　　　　　　　图 2-13　　　　　　　　　图 2-14

　　02　单击"信封"图标后，在右上角的"收件箱"中，单击"未读信息"，在下面的提示词中即可找到作品的 seed。使用这个种子值就可以生成和原图一摸一样的图像，如图 2-15 所示。

图 2-15

2.1.4　No 和 Repeat 指令

1. No 指令

　　使用 Midjourney 生成图像时，画面中可能会出现一些不相关的元素，这时候可以加入 No（否定词）去除无关的元素（也可以使用局部重绘功能在图像上移除）。

　　否定词的用法为，在提示词后面加入 "--no"。例如，想要生成两张雪山风景图，第一张图中云雾缭绕，第二张图想去掉雾，可以对两张图使用相同的提示词进行描述，但在第二张图的提示词后面添加 "--no fog"（无雾），效果如图 2-16 所示。

 提示词

Shocking snow mountain photography, perfect detail rendering and photo-level, epic composition, majestic feeling, horizontal, snow --ar 700:1500 --no fog

图 2-16

2. Repeat 指令

如果发现提示词生成的图像效果符合预期，就可以使用 Repeat（重复生成）指令多次生成图像。如果生成的效果不太理想，也可以通过重复生成找到更好的效果。在使用重复生成指令时，只需要在提示词后面加入 "--repeat"。我们在图 2-17 中输入了 "--repeat 10"，即重复 10 遍。

图 2-17

Midjourney 针对不同等级的订阅用户，可重复生成的数量是不同的。

对于基本计划订阅者，重复生成接受值为 2~4。

对于标准计划订阅者，重复生成接受值为 2~10。

对于专业计划和大型计划订阅者，重复生成接受值为 2~40。

重复生成指令只能在 Fast mode 和 Turbo mode 两种模式下使用，不支持 Relax mode 这种模式。

输入提示词并加入重复生成指令无误后，单击 "Yes" 图标，即可弹出对应的生成任务。

写好合适的提示词，可以通过这个功能多次重复生成图像。因为每次都是随机的种子，所以每次都有不同的可能性，再结合优质的提示词组合，重复生成会提升获得优质图像的概率。我们使用重复生成指令生成了 12 次，并在多次生成的结果中选出了美学效果较好的图像，如图 2-18 所示。

图 2-18

2.1.5 Info、Chaos 和 Quality 指令

1. Info 指令

在 Midjourney 命令区域可以输入"/info"（账户运行情况）指令，查看账户的运行情况，包括查看当下的会员订阅信息、任务模式和剩余额度。例如，账户的运行情况如下。

Subscription: Pro（Active monthly, renews next on 2023 年 9 月 4 日晚上 8 点 13 分）

据此可知订阅计划为 Pro（60 美元的专业计划），下次激活订阅的时间为 2023 年 9 月 4 日晚上 8 点 13 分（自动付费续订，不想自动订阅需要自行关闭以防止持续扣费）。

Visibility Mode: Stealth

任务模式为隐身，对应的标准会员任务模式是公开模式（设置隐身后生成的图像不会展示在 MJ 图库中）。

Fast Time Remaining: 15.79/30.0 hours（52.64%）

这个数值比较重要，是目前使用的快速 GPU 状况。这里显示账户目前剩余 15.79 个小时的快速 GPU，意味着还有一半的快速 GPU 用量（使用完后会进入放松模式，生成图像的等待时间会比较长）。

Lifetime Usage: 19568 images（293.21 hours）

到目前为止，账户已经使用的情况。共生成了 19568 张图片。

Relaxed Usage: 4183 images（56.79 hours）

到目前为止，已经使用的放松模式生成情况。共生成了 4183 张图片。

Queued Jobs（fast）: 0 Queued Jobs（relax）: 0 Running Jobs: None

指待处理的任务。

2. Chaos 指令

Chaos（混乱值）指令用于控制生成图像的混乱值，即初始图像的变化程度。可以通过在提示词后面加上"--chaos"或"--c"来启用该指令，其数值范围为 0~100，默认值为 0。高混乱值将产生更多不寻常和意想不到的效果。混乱值越低，结果越可靠、可重复。找到了稳定有效的提示词后，可以不设置 c 值。例如，在图 2-19 中分别设置 --c=0（左）、--c=50（右），观察图像和提示词（two kids, grassland, summer, minimalist）的差异可以发现，c 值为 0 时生成的图像更加稳定，c 值为 50 时生成的图像更加多样化。

图 2-19

3. Quality 指令

Quality（输出质量）指令用于控制生成图像的质量，输出质量的高低决定了生成图像所花费的时间和资源。可以在提示词后面加上"--quality"或"--q"来启用该指令，其数值默认为 1。输出质量的输入值包括：0.25、0.5 和 1。设置的输出质量越高，生成图像时需要越长的时间来产生细节。较高的输出质量还意味着每个作业使用更多的 GPU 时间，但输出质量的设置不会影响图像分辨率。

使用 q 值为 0.25、0.5、1（默认值）分别生成三张图像，如图 2-20 所示。

图 2-20

2.2　设置面板常用指令详解

在 Midjourney 命令区域输入"/settings"，可以打开设置面板（Midjourney 和 NIJI 的可以分别进行设置，因为二者的具体功能不同）。通过设置面板可以进行模型版本的调节，不同的风格（Style）设置，以及其他指令选择。

Midjourney 的 V 系列的最新版本为 V6，其设置面板如图 2-21 所示。如果想生成偏向二次元风格图像的模型，可以使用 nijijourney 机器人的"/settings"功能，设置 niji 系列的模型版本，如图 2-22 所示。nijijourney 模型中常用的版本为 niji5 和 niji6。当我们想探索早期模型时，单击"Midjourney Model V6 [ALPHA]"右边的下拉按钮，会出现 V6 以前的版本可供选择，如图 2-23 所示。

图 2-21

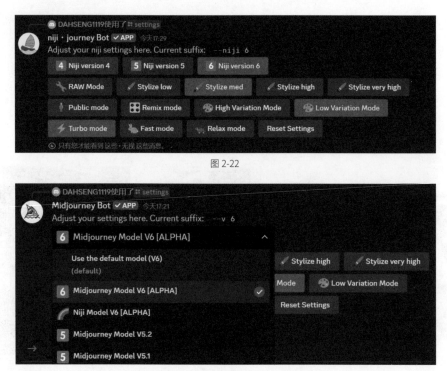

图 2-22

图 2-23

2.2.1 Stylize 和 Remix mode 指令

1. Stylize 指令

Stylize（风格化）指令用于控制生成图像的风格化程度，即 Midjourney 的默认美学风格应用于图像的强度。在提示词后面可以加上"--stylize"或"--s"来启用该指令，其数值范围为 0~1000，默认值为 100。风格化指令数值越高，生成的图像就越具有艺术性和创造性，可能会有更多的形式和构图，但与提示词联系少。风格化指令数值越低，生成的图像与提示词越匹配，但艺术性越差（建议大家不要在面板中调整风格化指令的值，但可以在提示词的结尾输入"--s 500"的形式来控制值）。图 2-24 是分别设置 s 值为默认（左）和 s 值为 500（右）后生成的图像效果。可以看出，使用较高的风格化指令数值生成的图像更加富有表现力，而使用较低的风格化指令数值生成的图像更加具体和写实。

图 2-24

2. Remix mode 指令

使用 Remix mode（图像混合模式）指令可以让图像混合生成，还可以更改提示词、指令、模型版本或变体之间的纵横比。图像混合模式将采用起始图像的总体构图，并将其作为新生成内容的一部分。重新混合可以帮助改变图像的设置，发展主题，或实现棘手的构图，这将使生成过程变得更加可控。

在设置面板中单击"Remix mode"图标即可开启此模式，如图 2-25 所示。

图 2-25

在生成图像时如果觉得黑白图像太单调，可使用图像混合模式加入色彩元素。在生成图像下面的选项中选择喜欢的主体并单击"V3"进行融合，然后在弹出的对话中加入马克笔彩绘提示词，如图 2-26 所示。单击"提交"按钮之后，最终呈现了线稿上色的丰富效果，如图 2-27 所示。

图 2-26

提示词

A Mark pen color map of a Mercedes Benz big G, a chic Mark pen toss --ar 16:9

图 2-27

2.2.2　High Variation Mode 和 Low Variation Mode 指令

使用 High Variation Mode（高变化模式）和 Low Variation Mode（低变化模式）可以控制图像距离原图的变化量，如图 2-28 所示。高变化模式与图像混合模式的功能相似，使用高变化模式（强烈）时，单击变化图标将生成新图像，可能会更改原图像内的构图、元素数量、颜色和细节类型。对

于基于单个生成图像来创建
多个概念图像，高变化模式非
常有用。低变化模式可以理解
为微妙的变化模式，其产生的
变化保留了原始图像的主要
构图，但对细节引入了微妙的
变化，此模式有助于细化图像
或对图像进行细微调整。

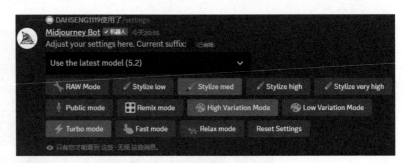

图 2-28

图 2-29 从左到右依次是原图、高变化模式、低变化模式，由此可以看出，高变化模式可以微调完善画面的构图和细节，低变化模式则会在细节引入微妙的变化。

图 2-29

2.3　其他辅助指令

2.3.1　Aspect Ratio、Zoom out 和 Pan

1. Aspect Ratio

Aspect Ratio（图像宽高比）和 ar 指令可以自定义生成图像的宽高比，它通常表示为两个数字用冒号分隔，如 9:5。正方形图像具有相等的宽度和高度，描述为 "--ar 1:1"。计算机屏幕的比例可以描述为 "--ar 16:9"。图像的宽高比必须用整数，例如不能使用 1.39:1 代替 139:100。如果想要设定特殊的比例，如 A3 纸张，即可设置为 "--ar 297:420"。宽高比会影响生成图像的画面构成，因此不同宽高比生成的图像可能差异很大。

2. Zoom out

在 Midjourney 中，我们可以根据自己的需求去选择 Zoom out 指令来缩放图像。这个指令允许将图像的画布扩展到其原始边界之外，而不更改原始图像的内容。新扩展的画布将根据提示词和原始图像的指导进行填充。Zoom Out 2× 和 Zoom Out 1.5× 图标将在放大图像后出现在图像下方，如图 2–30 所示。

图 2-30

图 2–31 从左至右分别为原图、Zoom Out 1.5×、Zoom Out 2×。在不改变画面像素的情况下，图片会被不断放大并拓展边界，原图像外的内容也随之被扩充。

图 2-31

Make Square 图标是把图像变成正方形，它可以调整非方形图像的纵横比。另外，缩放功能不局限于 1.5× 和 2×，可以自定义放大图像画布大小，例如，可以在提示词中输入 Custom Zoom（自定义缩放）值，自定义缩放值为 1~2 。

3. Pan

Pan（平移）指令允许沿选定方向扩展图像的画布，而不更改原始图像的内容。平移时，仅使用距离图像侧面最近的 512 像素及提示来确定新部分。图像平移一次后，如果再次平移就只能沿同一方向平移。我们可以根据需要继续朝该方向平移。在图 2–32 的生成效果中，左图为原图，右图为向右平移一次后的结果，可以发现画面被较好地补充完整了。

图 2-32

2.3.2 Describe、Shorten 和 Vary（Region）

1. Describe

输入"/describe"（图生文）命令，允许上传图像并根据该图像生成4种可能的提示词。使用此命令可以探索图像的相关提示词。

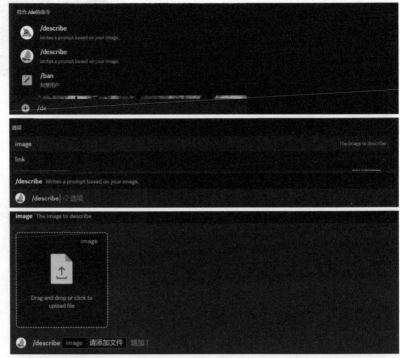

图 2-33

使用方法

在 Midjourney 命令栏输入"/de"即可弹出"/describe"。其中有 Midjourney 和 nijijourney 选项（如果想要二次元风格则选择 nijijourney）。我们选择 nijijourney 后，先选择"image"选项，再在弹出的页面中单击"image"图标，然后上传已经准备好的图像，如图 2-33 所示。按回车键确认，即可生成该图像的提示词，如图 2-34 所示。

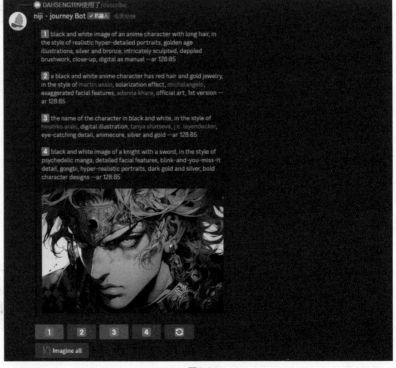

图 2-34

在图 2-34 中，Midjourney 给出了 4 组英文提示词，我们可以选择一组觉得可行的提示词进行生成，也可以单击 "Imagine all" 一次性生成所有图像。图 2-35 是分别使用 1 和 3 提示词生成的内容。从结果来看，生成图和原图仍有一些差距（但这个功能可以给我们提供写提示词的灵感）。

图 2-35

2. Shorten

Shorten（提示词优化）指令可以分析输入的提示词。Shorten 指令与 No 指令不兼容，使用该指令可以将提示词分解为更小的单位（称为标记），以便于分析我们输入的提示词。

这些标记可以是短语、单词，甚至是音节。Midjourney 机器人会将这些标记转换成它可以理解的格式，并将它们与训练期间学到的图文关联使用，从而得出提示词的优化建议。提示词优化指令可以帮助我们发现提示词中最重要的单词及可以省略的单词。在 Midjourney 的命令区域选择 "/shorten" 命令来启用指令，如图 2-36 所示。

图 2-36

接着输入一段提示词，按回车键确认后可以看到详细的提示词分析界面。其中既有加粗强调的，也有显示删除符号的内容，这是给我们修改提示词的具体建议。如图 2-37 所示，单击左图最下方的 "Show Details"，即可产生右图的详细提示词分析，其中展示了关键单词及每个单词的权重（显示每个提示词的量化影响程度）。

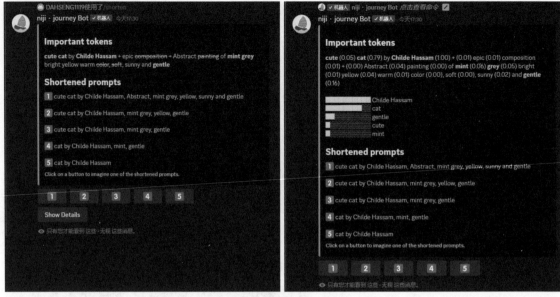

图 2-37

3.Vary（Region）

Vary（Region）（局部重绘）功能是 Midjourney 中特别重要的图像编辑功能，旨在对图像的特定区域进行精细控制，并允许用户局部地重新生成图像。这个指令在生成图像时能够增强灵活性和个性化，有助于快速修复，进行创意实验，以及更高效地生成绘图。

使用方法：生成图像后，"Vary（Region）"将出现在生成图像的下方，如图 2-38 所示。单击它后将出现"编辑器"，我们可以通过框选或者自定义选区来选定重新绘制的区域（编辑器下方也会出现一个文本框，允许我们更改提示词）。

图 2-38

该功能在图像的 20% 到 50% 区域范围内效果最佳，如果要重绘更大的范围，那么选择重新生成或者修改提示词是更好的选择（如果是太大的画面，局部重绘效果会不佳）。如图 2-39 所示，我们使用局部重绘功能将人物的发饰替换为帽子，替换效果非常自然。

> **提 示**
>
> 需要分次使用局部重绘功能，每次重绘解决一个图像问题，而不是在一次重绘中框选多个区域去修复多个问题。

图 2-39

2.3.3　Style Tune

　　Midjourney 更新了用户期盼已久的 Style Tune（自定义 AI 风格），它让用户可以创造属于自己的风格编码，并在之后的创作中复用。此外，还可以通过不同风格的混合，来生成以自己名字命名的新风格（这个过程常被称作"炼丹"，当然，炼制得不好也会"炸炉"）。接下来我们详细示范如何创建自定义 AI 的风格。

　　首先在命令区输入"/tune"指令并输入提示词，如图 2-40 所示。这里需要注意，为避免浪费账号的 GPU（fast hour），建议先反复确定要使用的提示词（如果胡乱给出提示词，后面用以训练的图像对就会与主题相差甚远）。

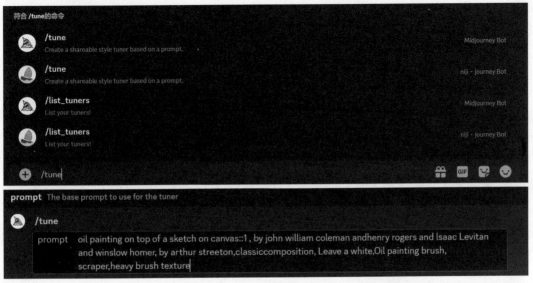

图 2-40

之后选择适量的图像对，如图 2-41 所示。我们选择了 32 组图像对，会生成两两一组的 32 对图像供我们选择。32 对图像将消耗 0.3GPU，128 对则会消耗 1.2GPU（选择的图像对数越多越耗费 GPU，图像对多，效果不一定更好）。模式一般选择默认的"Default mode"，然后单击"Submit"按钮提交。

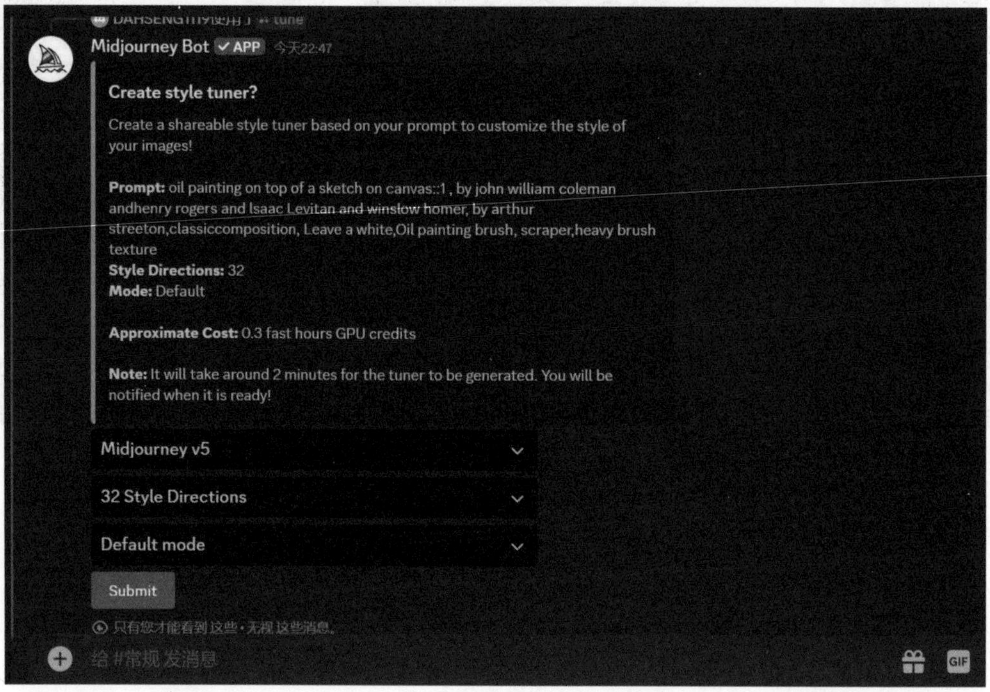

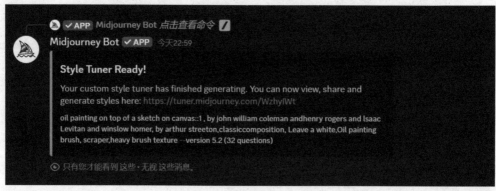

图 2-41

提交后机器人会给我们一个链接，这个链接可以一直使用，也可以分享给他人，如图 2-42 所示。接着，在两种模式（一次比较两种风格、从网格中选择您最喜欢的）中选择一种。我们选择"一次比较两种风格"，如图 2-43 所示，从左至右依次为风格图、黑色方框、风格图。对比两张风格图后，若有喜欢的风格可直接选择，若没有喜欢的可选择中间的黑色方框，来跳过该组选择。每次选择后，风格编码会变换一次。重复上述选择步骤，直至完成风格设定。

图 2-42

图 2-43

完成选择后，在下方输入"--style"，即可使用自定义 AI 风格代码来生成图像，如图 2-44 和图 2-45 所示。

提　示

选中的图片风格尽量保持一致，差异不要太大，否则训练的风格可能无法达到预期效果。

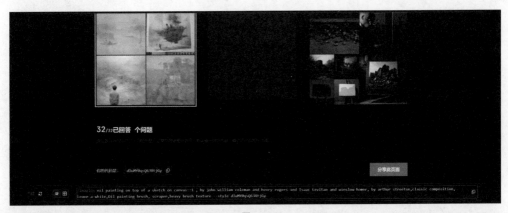

图 2-44

图 2-45

第3章 Midjourney 创作进阶技巧

本章将深入探讨 Midjourney 的创作进阶技巧，旨在帮助用户提升生成图像的水平。我们将详细介绍不同版本的 Midjourney 模型，探索权重、灯光、视角及构图等影响生成图像的因素。此外，本章还将讲解如何从艺术大师身上汲取灵感，融合多种艺术风格，以及提示词的进阶创作方法。

3.1　Midjourney 版本的详细介绍

Midjourney 目前有两个主要的模型版本，分别是 V 版本和 NIJI 版本。V 版本重点在于表现现实主义和细节美学，NIJI 版本专门针对动漫和插画风格。因为两者有不同的特点，我们可以根据自己的生成任务选择需要的模型，以适应不同的创作需求和偏好。

3.1.1　V 版本研究

2022 年初，Midjourney 发布的 V 版本因其出色的美学效果而"出圈"。V 版本的特点是生成具有现实主义、绘画特性和细节美学的图像，它有多个子版本，分别以 V 开头，后面跟着一个数字，表示该版本的更新次数。例如，V1 是第一个版本，V2 是第二个版本，以此类推（V3 和 V4 间推出过 TEST 版本）。截至 2024 年 6 月，最新版本为 V6。

V 版本的子版本之间有一些细微的差别，主要体现在图像的清晰度、色彩、细节和风格上。一般来说，版本越新，综合性能越优秀，创作者需要对新版本的特性有所了解，以生成更好的图像。但是，并不是所有用户都喜欢最新的版本，有些用户可能更喜欢旧版本（部分提示词在 V3 和 V4 版本中生成图像的美学效果比高版本更好，并且每个版本都有其独特而高效的提示词）。因此，Midjourney 提供了多个子版本供用户选择（V1 和 V2 版本效果不够好，因此不列入测试中）。

图 3-1 是使用同一提示词在不同子版本中生成的图像示例。使用的版本从左至右、从上到下分别为 V3、TEST、V4、V5、V5.1、V5.2、V6。

图 3-1

提示词

watercolor painting of Chicago,
colorful, travel poster style, Water color
texture --ar 16:9

图 3-1（续）

使用 V 版本生成图像时，可以在提示词末尾加上子版本号来指定使用哪个子版本。例如，"森林中的龙 --V3"表示使用 V3 版本生成"森林中的龙"的图像。如果不指定子版本号，则默认使用最新的版本。注意，Midjourney 在处理文本提示词时，不区分字母大小写。

3.1.2　NIJI 版本研究

NIJI 版本是专门进行二次元（动漫）风格图像生成的版本，它可以生成具有动感、表现力和个性化的二次元和动漫图像。NIJI 版本是由 Midjourney 和 Spellbrush 合作开发的，Spellbrush 是一个专注于二次元 AI 绘画技术的团队，曾经开发过著名的 Waifu Labs（可以生成高质量二次元角色头像的网站）。

NIJI 4 是 NIJI 的第一个版本，之后更新了 NIJI 5 版本。NIJI 5 版本增加了 4 个子版本，分别为"cute"、"scenic"、"original"和"expressive"，每种模式都对应了不同的艺术风格，但都围绕二次元和动漫展开。

cute 模式可以生成萌系和具备水彩质感的图像。

scenic 模式可以生成更好的风景场景图像。

original 模式可以生成更具动漫和二次元风格的图像。

expressive 模式可以生成更加立体和具有欧美风格的图像。

NIJI 5 则是综合了 4 种模式的混合模型。截至 2024 年 6 月，NIJI 的最新版本为 NIJI 6。

对于同一提示词，分别使用 NIJI 4、--style original、--style scenic、--style cute、NIJI 5、--style expressive、NIJI 6 模式生成图像，结果如图 3-2 所示。

图 3-2

 提示词

Watercolor painting of Chicago, colorful, travel poster style, Water color texture --ar 16:9

3.2　Midjourney 创作进阶技巧

3.2.1　权重的使用技巧

在指令区域中输入"--iw"或者使用双冒号"::"即可为提示词添加对应的权重。系统默认每个词的权重为 1，词语的权重可以增加也可以减少（整体权重相加不能小于零）。权重一般设置为 0.5～2。

案例：热狗权重测试

在指令区域中，分别输入提示词"hot dog::1.5 food::0.5 --v4""hot dog::1.5 animal::1.5 --v4""hot dog::1.5 food::0.5 animal --v4"，从左至右效果如图 3-3 所示。从这个权重测试中可以看出，如果需要加强某个内容在画面里的占比，可以通过增加权重来实现；如果不需要画面里的某个内容、色彩或元素，则可以通过降低权重来削弱这些提示词。合理地设置权重，可以让 AI 生成的内容更加贴合我们的需求，也可以突出重点。

图 3-3

3.2.2　灯光及渲染提示词

灯光是创造和表达画面氛围的关键元素。在 AI 绘画中，通过灯光和渲染提示词的设置，可以极大地提升画面效果，赋予作品丰富和独特的视觉体验。这些提示词有助于引导 AI 模型生成具有特定光照条件、材质表现和场景氛围的图像。

每张 AI 作品几乎都会设置灯光及渲染提示词，但这个技巧并没有出现在官网的文本介绍里。我们在研究和实践中发现，加入灯光和渲染的提示词后能够极大地提升画面效果，让常规的写实画面充满各种有趣的变化。在早期的 AI 绘画提示词实践中，一些创作者发现加入"Unreal Engine"（虚幻引擎）提示词能够极大地增加画面的表现力。随着模型迭代，能够提升图像美学表现力的词语越来越多，因此有必要总结灯光和渲染提示词供参考。我们整理出了以下常用的灯光及渲染提示词，如图 3-4 所示。

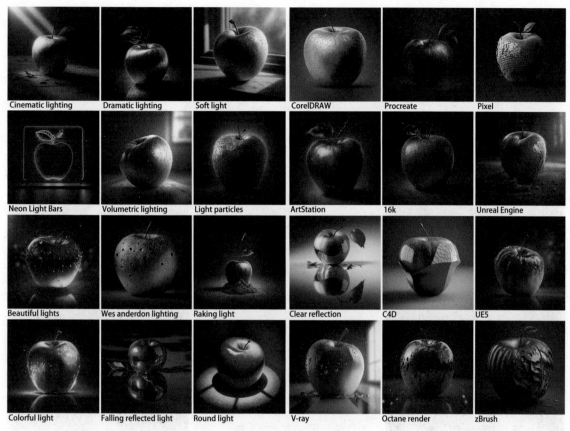

图 3-4

3.2.3　视角及构图控制

在每一张绘画作品中，视角和构图都是至关重要的因素，使用 AI 绘画生成图像也不例外。视角决定了画面的观察点和观察角度，直接影响到画面的表现力和情感效果。构图则是指如何在画面中安排各种元素和空白，以达到和谐、平衡和引人入胜的效果。合理的视角和构图不仅可以有效地引导观者的视线，突出画面的主体，还可以增强画面的动态感和深度，从而提升整体的艺术效果。

我们整理出了以下常用的视角和构图提示词来限定画面。

Portrait（头像）：生成人物头像、肖像，局限于头颈肩范围。

Half-length Portrait 或 Bust Portrait（半身像）：生成人物半身像，手臂和胸腹部纳入构图范围。

Full-Body Portrait（全身像）：生成人物全身像，展示人物的动态、姿势和整体造型。

Look Up（仰视）：模拟从低处向上看的视角，这种视角可以用来增加人物或场景的雄伟感。

Look Down（俯瞰）：画面呈现出从高处俯瞰的效果，这对于描绘广阔的场景和空间感非常有效。

Wide-angle Perspective（广角透视）：实现广角透视的效果，在描绘开阔场景或强调空间深度时特别有用。

35mm Lens（35mm 镜头）：模拟 35mm 镜头的视角和焦距，来实现接近人眼视觉的自然和真实效果。

Depth of Field（景深）：控制画面的景深，明确地决定画面中哪些部分应该保持清晰，哪些部分应该模糊。

Macro or Macro Photography（微距）：模拟微距摄影的效果，绘制出极为精细和生动的近距离物体，如花朵、昆虫等。

不同视角和构图提示词的示范效果如图 3-5 所示。

图 3-5

3.3 艺术家库的挖掘

3.3.1 从艺术大师身上学习

AI 绘画是一门关于提示词的艺术，在提示词中加入一些"艺术家"（生成的图像能体现出对应艺术家的风格）能够极大地提升画面效果。我们可以从以往的艺术大师身上学习，在提示词中尝试添加一位大师或者融合多位大师，来实现充满艺术效果的画面。

案例：莫奈与凡·高风格的生成图像

图 3-6 和图 3-7 是分别使用莫奈和凡·高作为艺术家提示词生成的效果，使简单的画面充满了艺术家独特的艺术风格和表现力。

图 3-6

 提示词

Taj Mahal, pond lotus, sunset landscape paintings, by Claude Monet --w 512 --v 3

图 3-7

 提示词

A perfect Impressionist oil painting landscape, draw a coffee shop under the street light in Van Gogh style --ar 16:9 --v 5.2

3.3.2　融合多位艺术家拓展新的艺术风格

除了我们耳熟能详的一些艺术家，还有许多我们知之甚少但建立了自己独特风格的艺术家。仅仅使用人们最熟悉的几个艺术家作为提示词，虽然能够得到优质的图像风格和效果，但也会出现 AI 图像的"审美疲劳"。

因此，在 AI 绘画的研究和实践过程中，亦需要像学习传统绘画一样，了解各个艺术家及风格流派，来充实自己的"提示词库"。

为了创作更具时代特征和艺术潮流感的图像，我们应当从当下的审美和文化中不断学习和欣赏。一些优秀的电影作品、漫画和动画，以及各种新的数字绘画风格和流派，都是我们学习的对象。通过对古今艺术的广泛鉴赏和深入学习，可以积累深厚的艺术底蕴。这样，我们在使用提示词生成图像时，才能选择更加合适的艺术家和风格，实现高质量的艺术图像生成。

案例：艺术家测试

既然 AI 模型是从原理出发进行学习，那么使用不同的艺术家组合进行绘画，是否会演变出一种新的"AI 艺术风格"呢？下面我们利用 4 组提示词进行对照分析，探究加入艺术家后生成画面效果的区别及规律，如图 3–8~ 图 3–11 所示。

这里使用多位著名的艺术家来测试。4 组提示词分别为：无艺术家、一位艺术家、两位艺术家、三位艺术家。

图 3–8 中生成的图像的效果缺少风格化表现，更接近写实的图像。

图 3–9 中加入艺术家"Craig Mullins"（擅长用简单的块面和色彩来表现丰富逼真的光影效果）后，画面展示出了更好的笔触及光影。

图 3–10 中在之前的基础上加入"James Jean"（颜色华丽有趣）后，两位艺术家的风格被 AI 融合在一起，在保留笔触的同时比前一张图像的颜色更加浓郁。

图 3–11 在之前的基础上加入艺术家"Rutkowski"后，画面反而脱离了某个具体艺术家的风格，呈现出画风的融合。这有点像人类绘画者在学习多个画家的风格后，开创出自己独特的绘画风格。

从上述提示词的生成图像中，可以发现，在没有加入艺术家时，AI 生成图像的风格趋向写实；加入 1~2 位艺术家后，AI 会以该艺术家的颜色和手法生成图像；加入多位艺术家后，则会呈现出融合后的"AI 艺术风格"。

图 3-8

 提示词

The portrait of the pirate king, cinematic lighting --v 4

图 3-9

提示词

The portrait of the pirate king, cinematic lighting, by Craig Mullins --v 4

图 3-10

提示词

The portrait of the pirate king, cinematic lighting, by Craig Mullins and James Jean --v 4

图 3-11

提示词

The portrait of the pirate king, cinematic lighting, by Craig Mullins and James Jean and Rutkowski --v 4

3.3.3　重复迭代法

为了得到高美学质量的图像，我们通常需要多次重新生成，以找到优质的提示词，这样会比使用社群流行的提示词产生更好的结果。

在生成图 3-12 的过程中，上下两张图都使用了同一组提示词。上边的图像为了得到纯粹绿色的湖面，经过了 7 次反复生成才达到目标，但在构图及内容的完整度上与下图相比仍有差距。下图是在上图的基础上"再变化"23次才得出的结果。这表明，生成好的图像需要反复"打磨"。

当我们使用重复迭代法时，会得到美观的图像，并且会对未来的新提示词有更好的把握。这意味着我们正在经历不断成长的过程，逐渐成为 AI 艺术专家。

图 3-12

 提示词

green, sunset on the fairy land, river, trending on Artstation, Hiroshi Yoshida --w 512 --v 3

3.4　提示词创作进阶技巧

3.4.1　提示词的主题创意性

在生成 AI 图像的过程中，我们会发现一个有趣的现象：不同创作者生成的图像在美学效果上存在巨大差异。每个人都会以不同的方式描述他们想要的 AI 生成画面，这些图像可能充满趣味、主题鲜明，或者含糊不清。最关键的影响因素就是提示词的主题创意性。

在创作提示词时，首先要做的是明确主题，即在脑海中构建主题画面，然后通过创作提示词的方式将脑海中的图像描述出来。由于缺乏专门的文生图表述训练，一开始我们可能会对这种表述方式感到生疏，无法在脑海中构建出具有主题性质和各种细节的画面，AI 自然也无法生成我们想要的图像效果。这时，可以通过逻辑来组织提示词，以实现脑海中画面与 AI 生成图像的统一。

在使用提示词的过程中，如果将多个事物、场景、人物等混合在一起描述，可能会出现人脑和 AI 都无法理解的混乱逻辑，因此我们应尽量清晰简洁地描述每一个元素，这将帮助我们更好地控制生成图像的效果。

案例：宇航员提示词对照分析

输入提示词"Astronauts are riding，purple air purifiers--v4"时，得到的效果如图 3-13 所示，这两个不同指向的主体会让 AI 无法识别创作者到底想要什么画面（两个具象描述在逻辑上有矛盾），因此 AI 只是把宇航员和紫色进行了组合，并未生成我们期望的图像效果。而单独描述"Astronauts are riding"效果较好，如图 3-14 所示。因为具有可视化明确定义的概念更容易被识别，所以产生了更好的效果。

在创作提示词时有以下几点需要注意。

（1）不要提供太多的小细节，这样容易使模型不堪重负。

（2）避免使用含糊不清的数量描述，尽量用具体的数量，这更有利于 AI 的识别和生成。

这样，我们可以通过清晰、简洁且具象化的提示词，生成更符合预期的图像效果。

实际上，传统绘画同样强调逻辑的重要性，例如画面构图、物体造型比例、光影关系等绘画要素。而感性则增强了画面的情感张力和感染力。在 AI 绘画中，常用虚词来表现情感。

图 3-13

 提示词

Astronauts are riding, purple air purifiers --v 4

图 3-14

提示词

Astronauts are riding --v 4

　　例如，分别输入提示词"A general --v4"和"A domineering general --v4"，效果对比如图 3-15 所示。左边的将军（A general --v4）看起来相对稳重、坚毅，而右边的将军（A domineering general --v4）通过复杂华丽的军服装饰和独特的视角等要素的烘托，产生了一种"霸气"的感觉，更具情感特征。不同的图像效果来自 AI 模型对于虚词"domineering"（霸气）的解读。

　　这种感性与逻辑的结合，使得 AI 生成的图像在具备技术准确性的同时，也能传递出丰富的情感。合理运用虚词和逻辑描述，能够更好地控制和提升 AI 生成图像的质量和表现力。

图 3-15

3.4.2　提示词与图像美学规律

　　人工智能绘画艺术这一概念不仅包含了人工智能的绘画模型，还包括了绘画艺术的表现力。为了使用 AI 生成更优质的图像，创作者需要不断提升自身的艺术修养、审美品位及对图像美学规律的理解。

　　在同一主题的图像生成中，有专业背景的艺术家和设计师在使用 AI 生成图像时，往往会比其他人生成的图像更具有表现力。这得益于创作者自身的"内功"：他们长期训练自己对图像美学规律（如构图、色彩、明暗、节奏感）的理解，使得他们在生成图像的过程中，更清晰地知道 Midjourney 生成的 4 个缩略图中，哪一个符合要求并可以直接放大；他们也能快速判断出哪个图像可以继续变化，以生成更好的内容，或者这一组生成图像中没有符合要求的图像，能够重新生成或修改提示词。

　　在 AI 绘画中，画面构图、色彩、明暗和节奏感也是图像选择的重要美学参考指标。艺术修养和审美品味使得创作者能够更好地运用这些美学规律，提升生成图像的质量和表现力。因此，提高自身的艺术素养和美学理解对于创作者在使用 AI 生成图像时至关重要。

1. 构图

　　一个优质图像的构图必定是合理的，甚至是独特的。我们可以通过一组水果静物的生成图像来进行探究，如图 3-16 所示。

图 3-16

这组图像的提示词为 "A beautiful classic static oil painting of fruits and flowers, by Willem Claeszoon Heda ——v4"。从构图角度分析，可以发现图 3–16 中左边的缩略图中，上方的两张图中物体过多，构图显得相对饱满，缺乏空间感，视觉上显得杂乱。缩略图中下方的两张图基本符合三角形构图形式，但下方右图中鲜艳的主体水果放得太过靠右，视觉分配不均匀；下方左图的构图及内容是 4 张图像中最为合理的。通过使用扩大选项，可以看到更多细节和整体效果，如图 3–16 中的右图所示。

这个案例能够帮助我们学习图像构图的规律和方法，训练对构图的敏感度和判断力。通过举一反三，我们可以更好地掌握构图技巧，提升生成图像的质量和表现力。

2. 色彩和明暗

除了构图，色彩和明暗在图像中同样起着关键的作用。色彩是图像中最先打动人的内容，不管是传统绘画，还是使用 AI 生成图像，好的色彩都能让人一眼记住画面。适当的明暗搭配能够增画面面强对比和层次，让图像更加耐看。下面以中国街道为主题进行水彩画测试，效果如图 3–17 所示。

图 3-17

这组图像的提示词为"A beautiful Chinese street, watercolor painting --v4"（美丽的中国街道，水彩画），先观察图像中的色彩关系，缩略图中上方的两张图，色彩晕染不够自然，颜色太跳脱，不和谐；而缩略图中下方的两张图，画面干净很多，右边又比左边的更有层次，色彩过渡自然。再结合构图、氛围和主题，就能轻松做出选择。

3. 节奏感

构图、色彩、明暗在 AI 生成图像里的表现十分抢眼，但还有一个容易被忽视却十分重要的关键点，即画面的节奏感。古人讲"气韵生动"，就是在描述画面里的节奏感令人愉悦。画面节奏感不同于音乐的高低起伏、抑扬顿挫，它更多指画面里的各种因素之间的关系，包括明暗、冷暖、点线面、强弱、粗细、软硬、方圆、大小、疏密、松紧、厚薄等。因此，创作者需要系统地学习图像美学规律，多观看美术大师的作品，吸收构图、色彩、明暗、节奏感等知识，从而形成自己的审美观，提升对于图像美学规律的理解和应用能力。

 3.5 **Midjourney 辅助绘制的理念与方法**

利用 Midjourney 进行绘画辅助，其核心理念是结合人工智能的优势，让 AI 不断拓展人的灵感或生成草图，从而在大量的生成图像中选择最为合适的内容。同时，Midjourney 还可以根据用户的需求，提供个性化的创作方案，满足不同风格和主题的绘画需求。具体来说，使用 Midjourney 进行绘画辅助，主要包括以下几个步骤。

（1）设定创作目标。

首先，用户需要明确自己的创作目标，包括创作的主题、风格、色彩、构图等要素。我们可以根据提示词的公式将要素按优先级排列，先将最为重要的内容（一般是主体）放在前面描述，再依次完成其他提示词的排序，然后思考是否需要去除多余的提示词，或者使用 Shorten 功能去优化提示词（许多初学 AI 的用户容易把提示词写得过于复杂，这不利于 AI 识别和生成）。

（2）选择适合的 AI 模型。

Midjourney 提供了多种可选择的 AI 模型，我们可以根据自己的创作目标，选择最适合的版本模型。经过实验，在大多数时候，使用最新的版本会有更好的图像效果。但在以往的版本中，也有特定的高效提示词，这需要我们根据特定主题和经验去选择。

（3）思考并输入提示词指令。

在 Midjourney 中，艺术家可以通过输入各种提示词及指令，来指导 AI 进行绘画创作，包括选择构图、色彩、艺术家、风格化等。这一过程最重要的是多尝试，我们可以用到前文提到的重复迭代法或多种艺术家融合法，来获得更好的效果或更多的创作灵感。

（4）调整和优化结果。

在使用 AI 生成图像的过程中难免会遇到挫折，需要不断调整和优化提示词来获得优质结果。通过这一系列操作，用户可以利用 Midjourney 进行高效的插画创作。

第4章
Midjourney
古风元素创作

近年来，古风元素以独特的个性和鲜明的民族特征，被广泛应用到设计领域。本章将通过配饰、神兽、花鸟等案例，详细拆解如何利用 Midjourney 的提示词辅助生成古风插画，带领大家走进一个具有中国韵味的艺术世界。

4.1 古风插画的特点

古风插画是一种以古代风格为主题的插画艺术形式，受到了中国古典文化、历史和文学作品的影响。它通过传统的绘画技巧和元素，如水墨画、工笔画、青山绿水等，表现古代人物、场景和故事，营造出典雅、古朴的艺术氛围。古风插画广泛应用于小说插图、游戏美术、动画设计和文创产品中，受到喜爱中国传统文化的观众和创作者的欢迎。这种艺术形式在当代设计中，通过创新融合了各种传统与现代元素，展现了独特的中国特色。

古风插画的流行离不开中国的强盛国力和文化自信，更离不开华夏绵延了数千年的灿烂文明。"以史为鉴，借古开今"的思想观念，是中华文化能流传至今的重要原因，也是古风插画独有的艺术特点。

4.1.1 深厚的历史文化底蕴

中国文化艺术史的发展受朝代更迭、民族融合等因素的影响，在不同的历史时期呈现出不同的艺术特点，体现出不同朝代人们的审美情趣和人文精神。反映在绘画上，可以看出古人创作题材广泛、技法多样、艺术风格宽泛，这些特点也被应用在了如今的古风插画创作中。

4.1.2 高雅的色彩运用

古风插画常借鉴传统中国画的用色技巧和表现手法，画面常以淡雅柔和的色彩为主色调，以对比强烈的色彩为点缀，整体给人一种古朴、雅致的氛围感，又不失戏剧性冲突。常用的表现手法有留白、笔墨渲染、虚实对比等，以此呈现出画面高雅、含蓄的意境。

4.1.3 独特的艺术表现形式

古风插画通过现代插画技法、寓意象征、戏剧性构图、古风元素与造型、场景环境等独特的艺术表现形式，展现出中国传统文化的魅力。古风插画通常运用象征手法传达深刻寓意，通过夸张透视和独特视角增强视觉冲击力。古风插画可以通过精致描绘古代人物和服饰的特点，来展现古风韵味。古风插画还可以通过利用古风元素，来刻画和渲染古代建筑和自然景观，营造出历史和诗意氛围，使古风插画既传承了传统文化，又赋予了现代设计新的生命力。

本章中，我们将分析常见的古风配饰、古风神兽、古风花鸟等古风元素案例。

4.2 古风元素案例讲解

古风元素是古风插画中不可或缺的核心要素，这些元素既有装饰画面的作用，也有传达信息的功能。本节将通过详细的案例讲解，深入探索古风元素的创作技巧。

4.2.1 古风配饰

花卉是中国古代常见的装饰元素，曾大量出现在服饰、器具、刺绣、绘画等作品上。古风配饰在外观上常常使用花卉元素，既代表着美好的寓意，又包含着深厚的文化内涵。我们将通过描述参花发簪、雅致耳饰和典雅的项链与玉佩，详细介绍如何使用 Midjourney 的提示词生成古风配饰图像。这些配饰常见于古代女性的装扮中，其独特的设计和高雅的色彩运用，展现出了古典美学的魅力。

1. 参花发簪

参花发簪这一词语在目前的 Midjourney 版本中难以被 AI 模型理解，我们可以将此名词形象化为"中国华丽花卉图案发簪"来描述，生成效果如图 4-1 所示。

图 4-1

提示词
Chinese ornate hairpin with floral motifs --ar 3:4 --niji 5

2. 雅致耳饰

描述耳饰词汇时，我们可以加入"中国传统"限定词，强调耳饰的中国风格，效果如图 4-2 所示。

图 4-2

提示词
Chinese traditional earrings --ar 3:4 --niji 5

3. 典雅的项链与玉佩

中式项链是常见的配饰，常由金属、玉石制作而成。为了使生成图像更加精准，通常需要加入一些特定修饰词。我们此处将这款首饰指定为女子所用，可以使生成的图像有更多的女性化美感，效果如图 4-3 所示。生成玉佩图像可以直接描述，效果如图 4-4 所示。

图 4-3　　　　　　　　　　　　　　　　　　　　图 4-4

 提示词
Chinese feminine traditional necklaces --ar 3:4 --niji 5

 提示词
Chinese traditional Jade pendant --ar 3:4 --niji 5

4.2.2　古代神兽

神兽来源于中国古代神话传说，它们大多是由古代人民发挥想象，将自然力和现实生物结合，加以神化、异化和形象化得来的产物。中国的神兽文化源远流长，不仅充满神秘色彩，而且蕴含着丰富的文化内涵。神兽常见于文学、绘画、雕刻等领域，作为护佑平安、象征吉祥的存在，深受人们的喜爱。下面将通过描述龙、凤凰、玄武、白虎和鼠，来详细介绍如何使用 Midjourney 的提示词生成古代神兽的图像。

1. 龙——中国传统文化的重要象征

龙，自古以来就是中华文化的重要象征。古代的龙元素常用于皇帝的服饰和用具、宫殿装饰、寺庙装饰等，是统治者权力、地位的象征，令人感到威严、神圣、敬畏。当代人对龙形象的表达则变得更加多元，既可以将龙塑造成游戏原画中的强大生物，也可以结合传统吉祥的意义来描绘。

案例 1：我们的创意思路是塑造一个英雄与神龙对抗的场景，这里在细节词中突出"喷火的龙"，并加入"攻击观众"来塑造对立感，效果如图 4-5 所示。

提示词

Dragon in Chinese mythology, spews fire, attacks audience, ancient Chinese scene, film style, lighting and thunder, movie scene, high resolution, 8K --ar 2:3 --s 1000 --niji 5

图 4-5

案例 2：我们的生成思路是塑造严寒冰龙的形象。此处既可以详细描述冰龙的特点，也可以利用模型的特性和简单的提示词来生成。因此，我们使用 NIJI 5 模型搭配"中国冰龙"提示词进行生成。因为词汇简单，构图效果可能不够令人满意，但我们可以使用重复生成命令找到满意的效果，如图 4-6 所示。

图 4-6

提示词

Chinese ice dragon --ar 2:1 --niji 5

案例 3：我们的创意思路是塑造一张以青龙为主体的海报。为了体现这一点，我们描述青龙的提示词可以体现在"置于海报中心，高高抬头，表现出其威严与力量"这个方面。通过控制构图、动作，并加入虚词，呈现出独特的风格和效果，最终效果如图 4-7 所示。

图 4-7

提示词

cartoon, the image of the Azure Dragon is placed at the center of the poster, the Azure Dragon raises its head high, emanating a sense of grandeur and power. Beneath its feet flows a river, symbolizing the vast Chinese civilization. --ar 16:9 --v 6

2. 凤凰——翱翔于九天的华美神鸟

　　凤凰是中国古代神话传说中的神鸟，与龙同为中华民族的象征。凤凰的象征意义有很多，如华贵、繁荣、和平、祥瑞、吉祥、美好、皇权等。此处，我们选择采用 Barbara Takenaga 的风格（她的作品常含有抽象和几何元素）来生成凤凰，同时强调整体五彩斑斓，有金色的翅膀，正在起舞，画面因此呈现出了丰富的色彩和现代美感，效果如图 4-8 所示。

图 4-8

 提示词

A colorful phoenix is dancing with golden wings, surrounded by flowers, green plum and pink plum, dark purple background, minimalist, examples of Chinese ornament, by Barbara Takenaga --ar 11:16 --niji 6

3. 玄武——龟蛇相拥的镇守神兽

玄武是一种由龟和蛇组合而成的灵兽，在中国传统文化中承载着丰富的象征意义。玄武在神话中常被尊为水神，它的形象在古代的绘画、雕塑等艺术作品中多有出现，其雄壮的身姿和厚重的鳞甲成为艺术家们创作的灵感来源。

在玄武的形象中，龟身作为其主要部分，蛇尾缠绕龟身，不仅增添了神秘感，也强化了它阴性的象征意义。北方玄武象征着"四象"中的阴，主管四季中的冬。此处，提示词重点描述主体玄武的生物特征，并采用虚词强调它是中国神话中的水神。结合水墨绘画的风格生成具有传统文化韵味的玄武形象，效果如图4-9所示。

图 4-9

> 提示词
> Xuanwu, an ancient Chinese beast, a spiritual creature composed of elements of turtles and snakes, with a black turtle back, is an immortal water god, traditional color, heroic, minimalist style and ink style, animation style --ar 16:9

4. 白虎——威风凛凛的守护神兽

"四象"在中国传统文化中指青龙、白虎、朱雀、玄武，分别代表东、西、南、北四个方向。白虎被称为武神，也是西方之神。它主管四季中的秋，又代表着五行中的金。相传，它通常全身如雪，具有威严、避邪、惩恶扬善、杀伐果断、发财致富、喜结良缘等多种象征意义。

案例1：在进行自由创作时，用户可以发挥想象力，为神兽设定有趣的主题。还可以加入神兽与人的互动，营造故事场景等。此处，我们设想生成白虎图像的主题为"守护少女的神兽"，生成效果如图4-10所示。

图 4-10

提示词

an ancient Chinese young girl, solo, wearing Chinese costumes, next to White Tiger, a Chinese ink painting, art by Zhang Daqian, black and white color, bright --style expressive --ar 2:1

　　案例 2：我们同样以白虎和人物为主体，改变画面的故事背景和渲染词，使生成图像呈现出完全不同的画面效果。先确定这幅作品的故事背景和大致构图，假设白虎在这里的身份是 "反派拦路虎"。接着设置细节、光效、渲染词和动态描述，展现出激烈战斗的场景，让画面呈现出电影海报的效果。生成效果如图 4-11 所示。

图 4-11

提示词

a warrior stands in front of a huge beautiful White Tiger, burning vivid fire, panorama, low angle, dynamic expressive force, cinematic shock, realistic lighting, vivid, vibrant, professional photography render, HDRI --ar 2:1 --v 5

5. 鼠——灵动帅气的武士子鼠

　　鼠伴随人类的生产发展至今，有着超高的灵性和强大的生命力。鼠又排在"十二生肖"的第一位，对应"十二时辰"的第一个时辰——子时，故又称子鼠，寓意多子多福、直觉灵敏、吉祥富裕。此处，我们的创意思路是将子鼠这一古代神话中的生肖形象与现代元素相结合，采用拟人化的形象，结合中国水墨画风格，并融合道教服饰、赛博朋克元素和中世纪艺术风格，最终呈现出一个有趣的动画风格武士子鼠形象。生成效果如图 4-12 所示。

图 4-12

🐉 提示词

Traditional Chinese ink painting, a groundhog with Taoist costumes, cyberpunk style, high resolution, anime style --ar 16:9 --niji 5

4.2.3　古风花鸟

　　花鸟画是中国画的一个种类，其历史悠久，名家辈出。按表现手法划分，花鸟画可分为"工笔"、"写意"和"兼工带写"3 种。此外，花鸟画按水墨色彩的差异，又可以分为水墨花鸟画、泼墨花鸟画、设色花鸟画、白描花鸟画、没骨花鸟画。在这一部分，我们将详细介绍如何使用 Midjourney 的提示词来生成几种典型的古风花鸟画作品，包括清新百合、梦幻昙花、水墨牡丹和工笔花鸟。

1. 清新百合

　　这个案例中，我们的创意思路是通过绘制百合花的古风插画，来展示传统文化与自然之美。我们使用了多个提示词混合搭配，如水彩纹理、Joseph 风格的水彩技巧和工笔风格，使生成百合花的图像具有水彩和工笔的融合风格。此处使用了最新的 V6 模型，画面写实且细腻。最终效果如图 4-13 所示。

图 4-13

 提示词

Lily of Chinese ancient style illustration, detailed plant illustration, water color texture, Joseph's watercolor style, detailed analysis, rich portrayal, meticulous brushwork style --ar 2:1 --v 6

2. 梦幻昙花

此案例我们尝试营造一个如梦如幻的场景，因此重点强调了多个色彩词和虚词来增加图像的氛围。如金色光线、空灵和梦幻氛围、充满活力的插画、色彩丰富。搭配二次元效果出众的 NIJI 5 版本，使生成画面更具动漫艺术气息。效果如图 4-14 所示。

图 4-14

 提示词

a red flower, epiphyllum, in the style of ethereal and dreamlike atmosphere, vibrant illustrations, fantasy illustrations, colorful, golden light --ar 2:1 --niji 5

3. 水墨牡丹

　　我们还可以尝试融合水墨风格到花卉图像中，并通过色彩的对比来强化主体与背景的反差，因此提示词重点强调了花瓣为暖色调，背景为深绿色和深灰色的风格，整个画面的厚重暗色调将暖白色牡丹衬托得更加光亮。效果如图 4-15 所示。

图 4-15

> 提示词
>
> Traditional Chinese Ink Painting style, high resolution, peonies on the blue background with gongbi illustration, in the style of dark green and dark gray, digital print, influenced by ancient Chinese art, white petals, warm-toned --ar 3:2 --s 500 --niji 5

4. 工笔花鸟

　　在该案例中，我们的目标是通过绘制花鸟题材的中国画来展示传统艺术的特点。提示词的重点内容包括花鸟画、多层次写实、精确线条和高对比度。这些元素围绕传统的工笔花鸟画特点来描述，因此画面内容更加写实、具体且层次丰富。效果如图 4-16 所示。

提示词
flower-and-bird painting, realistic gongbi painting, multi-level realism, precise lines, and high contrast modeling --ar 4:4 --q 2 --s 250 --v 5.1 --c 17

图 4-16

第 5 章

Midjourney
古风人物创作

本章将探讨使用 Midjourney 进行古风人物创作的技巧和方法，并介绍传统工笔、水墨、现代融合风格的古风人物描绘方法。本章的内容旨在帮助创作者更好地理解古风人物的艺术特点，并通过 Midjourney 的不同版本和提示词组合，创作出具有独特美感的古风人物作品。

5.1　传统画法下的古风人物

将传统的中国画按技法分类，可分为工笔画和写意画两大类，两者又各自包含多个小分类。下面就让我们通过 Midjourney 的提示词，共同探索并创作具有中国特色的古风人物图像。

5.1.1　工笔画——精致的古风人物描绘

工笔与写意是相对的概念，简单来说，工笔就是运用工整、细致、缜密的技法来描绘对象。工笔画大致可分为工笔白描、工笔淡彩、工笔重彩和没骨工笔四大类，下面分别展示使用 Midjourney 结合 NIJI 模型和二次元风格生成的带有不同特点的工笔画。

1. 柔美女子

图 5-1 展示了一幅古风女子插画，融合了工笔和水彩风格。我们重点描述一个柔美的女子穿着传统中国白色长袍及站在树前的场景。树木背景不仅提供了对比，使白色长袍更加突出，还增添了自然气息。同时强调了画面的色彩与光线，比如呈现出白色和浅米色的风格，用柔和的光线营造出温馨柔和的氛围。最后选择"工笔画风格"，使整幅图像更加精美和富有质感。

 提示词

a beautiful and gentle girl, wearing a traditional Chinese white robe, standing in front of trees, in the style of white and light beige, soft light, gongbi style,t watercolor style --ar 3:4 --niji 6

图 5-1

2. 神话仙官

　　图 5-2 展示了一位身穿金甲和白袍、骑着白色独角兽的英俊少年。生成这幅图像时，先进行具象的主体描绘，如"一个身穿金甲和白袍的英俊少年，骑着白色独角兽"，突出人物的英俊与威严。接着使用虚词和细节词完善画面，营造出一种压倒性的力量感。最后加入多位艺术家词来匹配画面风格，如融合吴冠中、张大千和齐白石的绘画风格。

图 5-2

 提示词

a handsome young man, wearing gold armor and white robe, holding a long black stick, riding on a unicorn in Chinese mythology. The unicorn faces the audience with an overwhelming sense of power. Depicted in the styles of Wu Guanzhong, Zhang Daqian and Qi Baishi, used extreme close-ups, upward angles, plane illustrations, highest image quality, complex details --s 400 --niji 6

3. 貌美古装女子

　　图 5-3 中生成了一位古装美女。在给出提示词之前，先提炼出生成要点，比如五官精致、皮肤白皙、眼睛清澈，并能体现出工笔画的特点，因此这幅图的提示词应围绕眼睛、皮肤等细节进行描述，最终效果也会集中在要点上。

4. 青衣书生

　　图 5-4 展示了工笔画风格绘制的极其英俊的男子。提示词的创作思路如下：首先，确定画风为工笔画，以细腻的线条表现人物细节；其次，通过英俊的面部和漂亮的眼睛来突出青年的面容；最后，描述他穿着蓝绿色汉服，突出服饰细节，并加入鸟来营造宁静祥和的氛围。

图 5-3

图 5-4

📜 提示词

a beautiful woman in ancient costume, exquisite facial features, Chinese ink and wash style, black eyes, high detail, has a good face ,clear eyes, big eyes, fair skin, face close-up, flat illustration, high quality, high detail --niji 5 --style expressive --ar 2:3

📜 提示词

gongbi painting, Chinese handsome youth, extremely handsome face, beautiful detailed brown eyes, loose Hanfu, long sleeves, blue-green, fluttering silk, flurry long hair, white birds surrounded him, serene and peaceful atmosphere, by Song Huizong --style expressive --ar 2:3

5. 秀丽佳人

图 5-5 展示了两个年轻女子的形象。图像细节是人物头发周围有蝴蝶，色彩柔和，可以是浅绿色或淡蓝色，营造出清新的视觉效果，通过简约的肖像展示宁静简洁的画面，通过虚词"平静的美"，进一步强化画面的氛围（请注意图 5-5 中两图风格的明显差异，因为使用 C100 指令生成，最高的混乱值会产生特殊的随机效果）。

图 5-5

提示词

a young woman with butterflies on her hair, depicted in soft tones, traditional Chinese paintings, light green or light blue tones, depictions of aristocracy, minimalist portraits, there is a beauty with calm and peaceful impression, close-up --ar 9:16 --niji 5 --c 100

5.1.2　写意画——古风人物的写意表现

写意包括大写意和小写意，大写意具有水墨韵味，后人又在水墨的基础上发展出了彩墨。本小节将在传统水墨画的基础上结合现代水彩、插画等风格，用融合提示词的形式探索充满现代设计感和趣味的古风人物插画。

1. 古风女孩——中西融合

我们先来尝试生成一张多艺术家风格融合的图像。这幅画的技巧在于使用了特写和 16 : 9 的宽画幅构图，它强调了美女面部的细节并通过横画幅塑造电影感。此外，我们使用了重复迭代法来挑选美学质量更好的图像。案例中加入了多位油画家，如 Jeremy Lipking、Arthur Streeton 和 Apollinary Vasnetsov，为画面增添了古典与现代的混合感，效果如图 5-6 所示。

图 5-6

 提示词

in the style of inspired illustrations, a Chinese girl with a beautiful face, acient makeup, very spiritual, close portraits, fine brush strokes, oil painting, fantasy, concept art, has a cinematic feel, art by Arthur Streeton style, Jeremy Lipking style and Apollinary Vasnetsov style --ar 16:9 --repeat 5

2. 古风眸色——水彩写意

我们尝试围绕主体更局部的特征赋予画面感染力，这里的提示词采用特写镜头突出女孩独特的眼睛，使画面具有强烈的视觉冲击力。同时，采用图画书插图的风格，使画面更具故事性和艺术感。最后，使用由 Egon Schiele 创作的艺术风格，确保画面的水彩风格充满表现力，效果如图 5-7 所示。

3. 古风少女——现代墨韵

图 5-8 中，我们尝试了水墨与插画的融合。画面主体为一位美丽的年轻女子，她身边环绕着鲜花和鸟禽，并加入自然的光照让图像有光影的层次。风格关键词强调传统的中国水墨画风格，并融合了宋徽宗和现代水彩大师 Joseph Zbukvic 的艺术特点，使得画面既有古典的韵味，又不失现代的氛围。

图 5-7

图 5-8

 提示词

face close-up, a Chinese girl with fox eyes, Hanfu, Watercolor painting, Acrylic painting, Picture book illustration, art by Egon Schiele, super detail --ar 2:3 --niji 6

提示词

a beautiful young woman with a delicate face, long flowing hair, smooth silk, surrounded by flowers and birds, gorgeous ancient Chinese costume, sunlight gently pouring down, natural light, ink painting, traditional Chinese watercolor ink painting by Song Huizong and Joseph Zbukvic --ar 2:3 --s 350 --c 20

4. 古风异族少年——光影写意

此案例使用了叠图的方法。添加底图之后构图更加明确，在叠图的基础上描述男子年龄和服饰特征，比如 18 岁的年轻男子、身着浅蓝色蒙古族服饰。通过细节描述增强画面情感，如眼神坚定地望向远方。此外，采用戏剧性光线，光从斜下侧方向打在脸上，让画面充满张力，效果如图 5–9 所示。

5. 苗族少女——细腻温柔

此案例我们主要想凸显苗族服饰的特色。在提示词中重点描述一个穿着传统苗族服饰的女孩，带着银色头饰，而服饰上有苗族图案和刺绣，通过这些关键信息来生成主体和细节。同时用色调"米白、棕色、深红和银灰色"来适配主题，效果如图 5–10 所示。

图 5-9　　　　　　　　　　　　图 5-10

📝 提示词

A 18 years old young man in ancient costume, wearing blue mongolian costume, eyes firmly looking into the distance, facial details are delicate, dramatic light, traditional Chinese watercolor ink painting by Song Huizong and Joseph Zbukvic watercolor --ar 2:3 --s 350 --c 20

📝 提示词

A Chinese girl wearing traditional Miao clothing with Miao patterns and embroidery, and a silver headdress. Traditional clothing, modern aesthetic. Gray white background, brown clothes, crimson, silver-grey, a character from a video game --ar 2:3 --niji 6

资源下载码：MJGFCH

5.2　现代插画中的古风人物

现代插画师在绘制古风人物时，常将传统技法和新兴创意相结合，例如以物拟人化创作、跨界融合、风格化角色等。

5.2.1　以物拟人

本小节我们尝试将物品和花卉元素融入人物图像的生成中，使人物脱离传统的配色和感觉，展现出独特的形象。通过结合不同的艺术风格和元素，我们希望能够创造出既具有传统美感又充满现代创意的独特插画作品。

1. 紫丁香

我们的创作思路是将穿着中国汉服的美丽少女与自然环境相结合，营造出紫色调的浪漫和诗意氛围。在提示词中强调女孩坐在河边的丁香树下，周围是紫色的丁香花和萤火虫，月光柔和，凸显自然与人物的融合，强化色彩氛围，效果如图 5-11 所示。

图 5-11

 提示词

Beautiful Asian girl, in Chinese Hanfu, sitting in the grass, riverside, surrounded by purple lilac and fireflies, moonlight, soft light, long shot, high angle view, oil painting, ink painting, by Mucha --ar 2:1

2. 青花瓷

我们的创作思路是将古代美人、青花瓷色彩与现代画家风格相融合。使用提示词"一个身穿唐代服饰的古风美人"描述主体，使用"凌乱美，青花瓷"凸显颜色和不拘一格的画面表现，使用极简主义风格，并融合现代画家风格到传统形象中，效果如图 5-12 所示。

3. 虞美人

我们的创作思路是将花卉与人物相结合，展现出独特的美感。强调主体被玉梅花环绕，增添了画面的自然气息和东方韵味。在色彩方面，采用黄色和蓝色配色方案，营造出温馨而明亮的氛围。此外，结合平面设计插画、极简主义和大胆的大图形风格，使用纯色背景来增强对比，使人物更加突出，效果如图 5-13 所示。

图 5-12

图 5-13

 提示词

Ancient beauty wearing Tang dynasty clothing, brown, patten, wearing a veil, looking towards the camera, elegant color scheme, in the style of messy beauty, mixed patterns, blue background, charming character illustrations, Chinese meticulous painting, Minimalism, folkloric --ar 3:4 --s 400

 提示词

A beautiful girl, wearing a Chinese cheongsam, delicate features, surrounded by plum blossom, warm atmosphere, graphic design illustration, Minimalism, bold big graphic style, fresh advanced color scheme, yellow and blue, solid color background --ar 3:4 --niji 6

4. 黑金风格

　　我们的创作思路是将现代时尚元素与传统中国服饰相结合。在提示词中可以描述主体为一个穿着黑金色现代旗袍的中国年轻女孩。在色彩方面，采用黑金色作为主要色调，凸显服饰的华丽与高贵，同时搭配黑粉色丽莎风格，增强视觉冲击力，效果如图 5-14 所示。

图 5-14

 提示词

　　a young Chinese girl wearing cheongsam, black and gold colour, with simple patterns, elegant, delicate face, beautiful eyes, black pink Lisa fashion, thick acrylic illustration, manga style, simple background --ar 9:16 --niji 5 --c 20 --s 450

5.2.2　时尚与创意

本小节将介绍如何将法式时尚、现代设计与古风元素相结合，创造出独特而富有创意的视觉效果。

1. 中法摄影融合风格

此案例中，提示词强调法式和中式混合风格，将法式的浪漫优雅与中国的传统美感相结合，使用 Solve Sunds Bo（当代著名的时尚摄影师，作品以大胆的风格和独特的视角著称）的摄影风格。在色彩方面，主要采用白色、浅银色、红色、绿色。以白色和浅银色为主色调，营造高雅和现代的感觉；采用红色和绿色作为点缀色，增加画面时尚感，效果如图 5-15 所示。

图 5-15

💬 提示词

a Chinese girl, celebrity fashion photography, white and light silver tone, red and green as accents, French-Chinese hybrid, by Solve Sunds Bo --ar 2:1 --s 750

2. 现代古风——优雅皇子

此案例的创作思路是凸显王子的高贵气质和古风表现力。案例的主体是一个慵懒的王子，提示词中的辅助信息为英俊的面容、优雅、长发、美丽的眼睛、金色发饰、穿着汉服、手持酒杯。同时通过华丽的沙发和中国宫殿来烘托环境氛围。采用柔和的光线来营造温馨且富有层次感的视觉效果。在风格上，结合传统油画和中国画的艺术表现手法，凸显画面的传统美感与现代艺术魅力。最终效果如图 5-16 所示。

图 5-16

 提示词

Medium shot, a lazy Prince, handsome face, elegant, long hair, beautiful eyes, golden hair accessories, wearing Hanfu, holding a goblet, sitting on a gorgeous sofa, gorgeous Chinese palace, classical oil painting, soft light, solitary and proud facial close-up, mysterious beauty --ar 16:9 --v 6

5.2.3　风格化角色

　　根据设定绘制独具特色的人物插画，是常见的一种插画创作类型。风格化的对象很广泛，可以是现实中存在的人，也可以是虚拟的人物。

1. 武状元

　　我们尝试用 Midjourney 生成一个风格化的角色。为了表现武状元这个人物的特点，在提示词中突出一个强壮的男人、武术冠军、强壮的肌肉和气质，并强调用武打动作来生成人物姿势，最终效果如图 5–17 所示。

提示词

Strong man, martial arts champion, strong muscles and temperament, Chinese clothing, martial arts action, Chinese style, playing the light and shadow --ar 2:3 --niji 5

图 5-17

2. 富家千金

本案例使用细致的描述来生成"一个富家小姐"。为了表达主体可爱文静的形象，在提示词中可以添加传统中国服饰和开心的笑脸来生成主体和细节，然后搭配动漫风格、NIJI 5 模型来生成图像。最终效果如图 5-18 所示。

图 5-18

 提示词

A cute girl, anime style, colorful eyes, traditional Chinese costumes, happy smiley face, Sailor Mercury --ar 2:3 --niji 5

5.2.4　3D 古风形象

本小节我们将探索 3D 渲染技术与古风元素相结合的独特艺术表现。这种融合不仅赋予了传统文化新的生命力，还使古风形象更加生动和富有立体感。我们将通过 4 个不同的主题，来展现 3D 古风形象的多样性。

1. 古代皇后

　　此案例的创作思路是凸显古代皇后的高贵与精致。皇后的形象一般是戴着复杂而精美的头饰，穿着精致复杂而又华丽的服装。在提示词中可以通过黄色、黑色、金色和红色来点缀服饰，烘托皇家的威严。风格上使用"3D 渲染"和"超细致渲染"来增强画面的立体感和细节表现。最终效果如图 5-19 所示。

图 5-19

 提示词

　　an ancient Chinese empress, black background, dressed in yellow, gorgeous clothes with black, gold and red accents, with intricate and exquisite headwear, fair skin, Wu Guanzhong's painting style, 3D rendering, Chinese traditional painting style, in the style of realistic and hyper-detailed rendering --s 180 --iw 1.5 --style expressive

2. 赛博朋克与古风少年

此案例中，我们的创作思路是将赛博朋克风格与古风元素相结合，创造出既有传统韵味又具未来感的独特少年形象。

该案例的核心提示词在于 3D 艺术、虚幻引擎 5、未来赛博朋克眼镜，通过渲染词和装饰物强化科技感。同时，色彩和细节也围绕科技古风主题，人物装饰为白色流苏耳饰和服饰，身着浅银色汉服，配戴蓝光眼镜。最后描述光线为柔和光线，并具有电影边缘照明和细腻光泽。最终呈现出一个融合了现代与传统美感的形象，效果如图 5-20 所示。

图 5-20

 提示词

Handsome traditional Chinese teenager, dressed in Hanfu, the clothes are silver, white cloud pattern, 3D art, Unreal Engine 5, with handsome future cyberpunk glasses, realistic photography, close-up intensity, soft light, cinematic edge lighting, fine gloss, super detail --ar 2:1 --niji 5

3. 冷峻少年

　　此案例中，我们的创作思路是凸显古风少年的高冷与神秘美感，因此提示词中添加更多的面部细节，并使用面部特写和神秘、高冷、优雅、英俊等形容词来强化情感氛围。效果如图 5-21 所示。

图 5-21

💬 提示词

Frontal close-up, classical boy with beauty face, black long hair, golden hair accessories, dressed in Tang Dynasty clothes, traditional oil painting, Chinese painting, mysterious facial close-up, high and cold expression, elegant, handsome. Rich in details, best quality --ar 3:4 --niji 6

4. 孙悟空

　　此案例我们的创作思路是将孙悟空的形象与赛博朋克特点相结合，创造出既有传统韵味又具未来感的独特形象。在创作提示词时，要明确主体是孙悟空，添加一些姿势动作，并表明具有赛博朋克风格的元素，使用 zBrush 风格来拓展角色动态和渲染风格（zBrush 软件是一个专门用于 3D 建模和雕刻的软件）。因此，我们可以看到孙悟空的形象十分立体，雕塑材质感明显。效果如图 5-22 所示。

图 5-22

 提示词

Sun WuKong in Journey to The West, Monkey King, cyberpunk elements, dynamic pose, full body, in the style of zBrush, high detail --ar 9:20 --niji 5 --style expressive

第 6 章

Midjourney
古风主题场景创作

本章我们将探索古风插画的场景创作，场景中会涉及建筑、景观、人物等内容，这不仅是对前面章节技术和风格的综合运用，更是对古风主题创作的深度探索和创意表达。本章旨在通过 Midjourney 工具创造出一个个或恢宏庞大，或婉约精巧的大场景画面，从中领略古风艺术的无尽美妙。

6.1　传统古风建筑场景图

中国古代建筑具有悠久的历史和光辉的成就，在世界建筑艺术史上独树一帜，影响深远。中国古代建筑的特点很多，最具有代表性的是其大屋顶、木构架结构和丰富的色彩，此外，还具有庭院式组群分布特征，下面将根据这些特征生成中国古建筑图像。

6.1.1　古代建筑图纸

1. 建筑线稿

在图 6-1 中，我们的思路是用线稿来表达中国古代建筑。因此，提示词要反复强调建筑轮廓的特征，可以通过寺庙、唐代、黑色线稿等关键信息来表现古建筑的构造。

图 6-1

> 提示词
> Line drawing, a building in Chinese ancient style, temple, Tang Dynasty, front outlines, black lines on white background, linear draft style, illustration --ar 16:9 --s 400 --niji 5

2. 建筑图纸

同样是生成线稿内容，此案例的核心提示词为中国古代建筑图纸，呈现的效果将会更加平面化。且这份图纸上并没有文字说明（大部分时候使用图纸会产生一些混乱的文字描述，Midjourney 目前还不能很好地处理文字，因此加入了否定词），效果如图 6-2 所示。

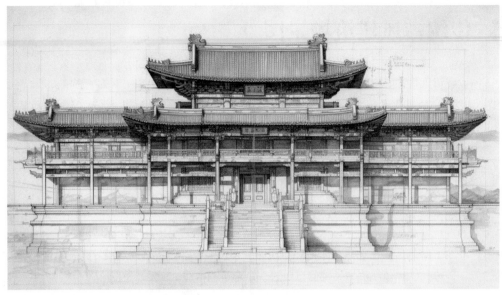

图 6-2

 提示词

China ancient architectural drawings, mortise and tenon wood structure, no letters, palace --ar 16:9 –v 5.2

6.1.2　古代建筑图纸剖面

　　此案例中生成一个古代建筑图纸剖面，因此提示词强调使用剖面透视图和专业绘图风格。并在此基础上强调有详细的墨线图，整体明亮，风格清新，具有透视关系和光影对比。使画面既有传统美感又具有现代建筑绘图的表现力和实用性，效果如图 6-3 所示。

图 6-3

 提示词

China ancient architectural drawings, section drawings, clear lines, fresh style, perspective relationship, no letters, palace --ar 16:9 --v 5.2

6.1.3　中式雪景古街

使用重复迭代法，配合 NIJI 5 模型生成一个雪中的古街场景。场景中需要有一些雪花飘落，并且近、中、远层次丰富。在多次生成后才能得到满意的图像，效果如图6-4所示。

图 6-4

🐾 提示词

Ancient Chinese street in beautiful snow --ar16:9 --v 5.2

6.1.4　热闹的古街

此案例的核心思路是体现古街的烟火气和氛围感，既有飘扬的旗帜，也有叫卖的人群，气氛热闹。通过场景描述的具体词汇和虚词，呈现出一个历史悠久而又充满活力的中国古城的画面，如图6-5所示。

图 6-5

 提示词

Ancient urban street, both sides are ancient buildings, waving flags, people hawking, lively atmosphere --ar 16:9 --v 6.0

6.1.5　古代宫殿建筑室内场景

　　此案例的重点在于描述宏大的主体，主体是古代大厅，展现室内场景画，室内装饰精美，具有景深效果。此外，提示词通过"史诗水墨画，富有想象力，壮观"等类似形容词配合主体强化氛围，最终效果如图 6-6 所示。

图 6-6

🔊 提示词

Panoramic painting, epic ink painting, interior scene of an ancient hall, exquisite interior decoration, depth of field effect, imaginative, fantasy, senior color matching, spectacular --ar 16:9 --v 6.0

6.2　中国山水画

6.2.1　高山流水

　　图 6-7 的生成图像以高山流水为主题，既有高大的山川和平静的河流，又有一叶扁舟，整个画面一派宁静，体现了人与自然和谐的景象。为了让 AI 理解得更具体，我们在提示词中加入桂林山水，并使用宁静、悠然等虚词来强化图像的情感氛围。

图 6-7

 提示词

High mountains and flowing water, famous mountains and rivers, Guilin landscape, traditional Chinese ink painting style, Zhang Daqian style, thousand miles of rivers and mountains, a boat floats on the river, long shot, three-quarter composition, calm --ar 16:9 --niji 5 --s 400

6.2.2　世外桃源

图 6-8 的案例思路是呈现世外桃源的唯美场景。因此，提示词中可以添加绿色湖面和盛开的桃花。最关键的地方在于采用俯视的视角，通过特殊的角度强化了画面的氛围。提示词强调了两人，虽然没有刻意描写动作，但 AI 会帮我们补全两人与环境的关系。

图 6-8

 提示词

The green lake, peach blossom, top-down perspective, long-shot, vision, small boat, 2 people, Chinese folk customs, the ancient illustration --ar 2:1

6.3 中国园林景观

6.3.1 园林山水

园林景观是中国古代建筑中的点睛之笔，它将植物、陆地、水体、建筑和其他元素进行组合和布局，使具有美感，体现了人们对自然和美好生活的向往。

图 6-9 采用了著名的画作《清明上河图》的风格，并在提示词中添加了中国的宫廷画风格，并使用传统工笔画风，最终展现出一派祥和的景象。

图 6-9

 提示词

Famous scroll painting Along the River During the Qingming Festival, Mint green, soft, sunny, gentle abstract painting, Chinese ancient architecture, aesthetic architectural modeling, classical style of decoration and painting plants, Chinese gongbi style --v 5 --ar 2:1--v 5.2

6.3.2　广寒宫

　　民间流传很多神话故事，比如女娲补天、后羿射日、盘古开天、嫦娥奔月等。其中，在嫦娥奔月的传说中，嫦娥飞升后便居住在广寒宫中。本案例我们追寻古人的步伐，用提示词呈现神话故事中月神嫦娥的住所"广寒宫"。首先描述主体是广寒宫，其次添加主题色调和建筑，最后围绕宫殿构思环境中有花塘和巨大的月亮，效果如图 6–10 所示。

图 6-10

 提示词

　　The Moon Palace, thick gold inlaid, galaxy sequins, ancient Chinese architecture palace, flower pond, a huge moon of Owen Pomery, deep focus, vivid colors, photo realism, intricate details, highly detailed, Ultra Quality, Cinema 4D --ar 3:2

6.4 古风与现代风格融合

6.4.1 古风与像素风建筑场景融合

像素风格起源于电子游戏，受计算机内存限制，只能用最原始的图形表现形式和单一的色彩来呈现。它模糊的轮廓、明快的色彩和不受约束的创作特点深受众多领域艺术家的青睐，逐渐演变成了一种独立的艺术风格。

这里我们尝试制作一张古风小游戏的场景效果图，生成图像的核心在于使用像素风格，例如可以使用"2 位像素艺术、合金弹头风格"（经典的街机游戏）作为关键风格引导。叠加中国古典风格、奇幻、下雪的设定，让这个画面显得更加生动，效果如图 6–11 所示。

图 6-11

 提示词

Chinese ancient architecture, Fantasy, classicism, ancient setting, snow, vibrant traditional style, 2-bit pixel art, Metal Slug style --niji 5 --ar 16:9

6.4.2　水墨与油画风融合

此案例我们尝试将水墨风格与油画风格融合，以体现出清新干净的画面特点。因此，在提示词中我们可以添加张大千、齐白石和莫奈，以综合他们的作画风格。同时，在提示词中也可以限制色调，比如金色、绿色、黄色、紫色，让画面具备补色关系。

在该案例中，我们使用重复迭代法生成多组图像，最终选择了构图留白更多的画面，更具古风意境，效果如图 6-12 所示。

图 6-12

🐾 提示词

A painting that combines ink painting and oil painting, a tractor in the field , harvesting wheat, some trees in the distance, and further away is mountain, inspired by Zhang Daqian, Qi Baishi and Monet, the colors are gold, green, yellow, purple --ar 3:2 --niji 6

6.4.3 水彩与波普风融合

　　将水彩与波普风进行融合，将会产生既复古又现代、既柔和又鲜明的艺术效果。这个案例在提示词中加入了更加现代的元素来表达田园趣味，艺术家提示词为 David Hockney（David Hockney 早年追随汉密尔顿发展波普艺术，特点是以人们的衣食住行为绘画对象，采用实物拼贴、环境设计的方法，物象是精细的、变形的，具有广告设计的性质，画面显示为冷漠超然的风格），从而表达出独特的艺术风格，描绘出了乡村景观，充满了趣味性，效果如图 6-13 所示。

图 6-13

📜 提示词

David Hockney, Watercolor painting, China's countryside beautiful scenery, black, white, gold --v 5 --ar 3:2

6.4.4 古诗词写意画

1. 大漠孤烟直

　　我们都很惊叹于唐代诗人王维笔下"大漠孤烟直，长河落日圆"的边塞风光，在广袤无垠的沙漠中，一缕孤烟直上云霄，远处夕阳渐沉，映得河水波光粼粼，整个景象既雄浑辽阔，又充满壮美。在描述和这句诗词相近的画面时，可以用更具象的词汇描述出来。比如，"孤烟直"可以用"一缕孤独的烟雾直线上升"来表达，这样更容易被 AI 理解。完整提示词可解读为"在辽阔的沙漠中，夕阳形成一个完美的圆弧形，一缕孤独的烟雾直线上升"，效果如图 6-14 所示。

图 6-14

 提示词

A long plume of smoke rises straight up, as the setting sun forms a perfect circle, in the vast desert, oil painting, minimalism, by Euan Uglow --ar 16:9 --v 5.2

2. 黄河之水天上来

　　此案例中，我们将诠释唐代诗人李白在《将进酒》中描述的"君不见黄河之水天上来，奔流到海不复回"的景象。参照上一个案例的提示词逻辑，以"天上来"为切入点，描述壶口瀑布奔流的情景，形成天上之水流入人间的画面。并使用奔流不息、壮丽无比等词进一步强化画面气势。最后加入油画和艺术美来增强画面美学表现，最终效果如图 6-15 所示。

图 6-15

 提示词

The Yellow River through a gorge, Hukou Waterfall , The flow is endless and magnificent. The Yellow River is like a waterfall from a high place. Illustrations, oil paintings, and artistic beauty --ar 3100:1400 --niji 5

3. 飞流直下三千尺

图 6-16 中，尝试展现了诗句"飞流直下三千尺，疑是银河落九天"中描述的场景。诗句比较抽象，但我们可以用具体的元素来补足场景，比如矗立山间的宫殿，后面有一轮巨大的圆月，山间瀑布奔腾，画面清冷又神秘。

图 6-16

 提示词

High mountains stand tall, several palaces on the mountains, a huge moon on the mountaintop, the waterfall rushes down, classical painting style, ethereal beauty --ar 2:3 --s 350 --niji 5

6.5　综合主题创作

6.5.1　武侠动态场景

1. 竹林剑客

此案例中，我们的生成灵感来源于电影《十面埋伏》。竹林打斗是武侠对决中的经典画面，我们尝试营造一个打斗的场景。

在提示词中，我们强调是在竹林中，有一个剑客，正在施展强劲的武功招式，从而呈现出具象的图像。同时配合提示词"低速胶片、动态构图"来增强画面动态感，效果如图 6-17 所示。

图 6-17

 提示词

In the bamboo forest, swordsman who brings a sword, tall and straight, dressed in Tang dynasty style of clothes, fighting with the enemy, low speed film, dynamic composition, Chinese wuxia, by Wu Guanzhong, Qi Baishi, water color, epic --ar 16:9 --s 200 --niji 5

2. "墨仙"少年

在此案例中，我们生成了一个以"墨仙少年"为主题的场景。核心思路是通过水墨晕染的环境来凸显少年的仙气。因此主体是一个身穿汉服的年轻人，正在石桌旁用毛笔和黑墨练习书法。此外，提示词也要对背景进行描述，比如水波般流动的白纸背景，衬托了主体的形象，效果如图 6-18 所示。

图 6-18

 提示词

At the side of a stone table, a young man in Hanfu is very agile, and he is writing calligraphy. The background consists of white paper flowing like water waves. The entire scene is filled with an ancient Chinese aesthetic, epic imagery, cinematic quality --ar 9:16 --niji 6

3. 征战沙场

　　此案例重点在于场景描述。通过描述一个将军与众多士兵的站位关系来形成前后高低的构图关系，比如许多手持盾牌和长矛的中国战士站在威武的将军身后，这位将军骑在高大的马上，效果如图 6-19 所示。

图 6-19

🔖 提示词

It is a grand picture. On the plain, many ancient soldiers with shields and spears, behind a mighty general who is riding on a tall and big horse, in the style of Wu Guanzhong --s 400 --ar 3:2 --repeat 4 --niji 6

4. 烈武少年

　　主体设定是一个正在练习武术的男孩。为了使画面更加有趣，提示词加入了构图词和具体的环境描述，比如画面以底部视角呈现，背景是一片红色的火海，一轮巨大的太阳悬挂在天空中，红色的天空中飞舞着许多火花。最后通过重复迭代法找到了有趣的构图，少年挥舞着红绸带，画面充满张力，效果如图 6-20 所示。

图 6-20

 提示词

In an ancient scene, a teenager in red Tang Dynasty costume is practicing martial arts. The picture is presented from the bottom perspective, the sun hanging in the sky, and many sparks flying in the sky. The scene is full of Chinese martial arts elements, with light red and yellow as the main tones, streamlined design sense, and dynamic color matching --ar 16:9 --niji 6

5. 踏浪逐风

　　图 6-21 同样是描述动态武侠场景，画面呈现了一个中国功夫少年。与上个案例中的火花飞舞不同，本案例的提示词强调超现实的水元素围绕着主体（注意，将超现实具象化有助于内容的呈现，我们也可以描述火、雷电围绕着他，来凸显他的元素控制力），由此模拟出一个可以操控元素的玄幻场景。

图 6-21

 提示词

Chinese kungfu boy, hyper-realistic water surrounds him, dynamic and action-packed scenes, concept art, high speed film, clean lines, pure forms, meticulous --ar 16:9 --niji 6

6.5.2　古代都城夜色

1. 梦回盛世

在图 6-22 中，我们描述了一个宏大的"宋朝古代都城场景"。在提示词限定了诸多具象内容，如夜晚、天空、夜市、街道、亭台楼阁、拱桥、明亮的灯光、汉服、人群，所以营造出了一种热闹非凡的氛围。

图 6-22

提示词

Song Dynasty, Medium long shot, Eye level angle, night, sky, night market, streets, long bridges, bright lights, crowds, imitating the Qingming Riverside Picture, the scene is grand, Chinese painting style, high definition, rich in details --ar 9:16 --s 1000 --niji 5

2. 上元灯会

此案例中，我们的思路是展示"上元灯会"的场景，场景是夜晚的都城，天空飘满了红灯笼和气球，整个城市灯火璀璨，人群密集。我们尝试在提示词中体现这些特点，并添加雪山作为远景，以及通过熙攘的人群来体现热闹的场景，进一步烘托氛围并拓宽空间层次。效果如图 6-23 所示。

图 6-23

提示词

Ancient Chinese capital city with lanterns and festoons, many people, red, blue, black, brightly lit, very cold, snow, mountains, building, bridge, painted by Victo Ngai --ar 16:9 --niji 5

6.5.3 诗绘意

1. 山水白马

此案例想要营造侠客骑马漫步悬崖瀑布旁的场景，所以需要准确描述主体是一个穿着白色古装的年轻人，骑白马，站在悬崖旁，背景是巨大的瀑布。生成的难点在于简单的提示词构建的画面可能不够丰富，此时要依靠审美来选择构图、留白、明暗色彩关系更好的图像。最终效果如图 6–24 所示。

图 6-24

提示词

a young man, white ancient clothes, riding on a white horseback, on the cliff, the background is huge waterfall, Chinese ink painting style --ar 2:1 --niji 5

2. 水墨夏韵

　　此案例以《山亭夏日》中的诗句"绿树阴浓夏日长，楼台倒影入池塘"为灵感，设想夏日里的一处幽静庭院，周围是绿树浓荫，台榭映入池塘。再加入吴冠中的水墨绘画风格，S 值设定为 400，呈现出更多的艺术性。使用重复迭代法，可以更好地表达水墨意境，最终效果如图 6-25 所示。

图 6-25

 提示词

Style by Wu Guanzhong, Chinese ink painting, classical architecture, Tang Dynasty style, freehand drawing, surrounded by green trees in the summer, and the platform is reflected in the pond. Beautiful and poetic pictures --s 400 --ar 3:2 --niji 5

3. 明月满窗

　　我们熟知李白的《静夜思》："床前明月光，疑是地上霜。举头望明月，低头思故乡。"这首诗意境深远，体现了静谧的夜晚和对故乡的思念，但诗词并不容易被 AI 理解，因为比较抽象，所以需要对诗歌进行直白的翻译。例如，"室内的桌子被月光照亮，光影斑驳，竹叶摇曳"这样的描述能将诗词的场景具象化、细节化，效果如图 6-26 所示。

图 6-26

 提示词

The table by the window in the room was illuminated by moonlight, mottled light and shadow, and bamboo leaves swayed. Freehand brushwork painting, night, by Qi Baishi and Wu Guanzhong, in the style of traditional ink painting --ar 2:1 --niji 5 --style expressive

4.诗意中国塔

　　中国塔作为中国传统建筑的重要组成部分，承载着丰富的历史、文化和建筑技艺，具有深远的意义。
这里我们以中国塔为主体，绘制一个充满诗意的中国塔。在图 6–27 中，我们利用简约风格和版画风格
来呈现画面。在提示词中可以使用不同寻常的色彩来衬托塔体。塔的周围可以有山有树有花，并用夜
空和月亮来衬托，以此突出唯美的效果。

图 6-27

 提示词

The minimalist style, prints, an ancient Landscape painting, depicts a poetic, Chinese architecture, and the
prospect is a Chinese tower, surrounded by mountains and trees, the trees are covered in pink flowers, the night
sky is black, the moon is very round, the picture is adorned with many petals --ar 2:3 --v 5.2

6.5.4　江南风景图

江南地区的风景以其独特的水乡风情、古典园林、丰富的文化底蕴及迷人的自然风光而著称，在该案例中，我们生成一张江南风景图。

此案例的思路是营造江南风光，通过错落分布的古典建筑、绿树成荫和热闹的街道景象来展现江南风景。在提示词中可以重点描述主题为古典建筑插画，画面中有雅致的建筑，树木清新茂盛，街道上人群熙熙攘攘，充满了生活气息，效果如图 6-28 所示。

图 6-28

 提示词

Illustration of Jiangnan scenery, rich in ancient aesthetics, some people in the street, full of life, there are many trees, people wearing ancient clothing, and scattered ancient Chinese architecture, full of a pleasant atmosphere, rich details, and ultra-high quality, 8k --ar 16:9 --s 180 --niji 5

第 7 章

AI 古风插画
商业应用案例

本章将深入探讨 AI 生成的古风插画在各大商业领域中的实际
应用。我们将通过详细的案例分析，展示 Midjourney 在电商、平
面设计、游戏、漫画、服饰、室内设计等多个行业中的应用实例。
通过这些案例，读者可以直观地了解 AI 技术在商业创作中的潜力
和实用性，以及如何利用 AI 工具提升创作效率和作品质量。

电商行业

7.1.1 品牌形象设计

1. 盲盒人偶

盲盒是一种流行的玩具形式，通常在密封的包装盒中放置各种不同款式的玩具，消费者无法在购买前知道具体的款式，这种设计方式增加了购买的乐趣和惊喜感。盲盒设计在现代艺术和产品设计中越来越受欢迎，成为展示创意和个性的重要载体。

在此案例中，我们尝试用提示词来生成中国风盲盒人偶。首先明确主体是"中国风盲盒人偶"，然后描述人偶具体的外貌和服饰，比如身穿汉服，带有中国传统元素。接下来，描述视角和人物的姿势，如全身视角，面向观众。再强调材质和色彩效果，这里采用浅粉色，使用塑料和发光材质。最后，添加干净的背景，指出受表现主义和 POP MART 的影响，并使用 C4D 进行渲染，以凸显对象的真实质感，效果如图 7-1 所示。

图 7-1

 提示词

Chinese style doll, dressed in Hanfu, the clothes have Chinese traditional features, pink, full body, face to viewer, plastic, product design, glowing jelly, super details, clean background, expressionistic, IP by POP MART, 3D, digital art, close-up, super detailed, C4D, HD, simple background --style expressive

2. 武侠少年

此案例在上个案例的基础上进行微调，将主体变成武侠少年，并添加动作细节，武侠动作的提示词让这组画面更加具有动态感，然后在提示词中调整色彩和质感描述，生成的画面就变成了一个有武术动作的少年，效果如图 7-2 所示。

图 7-2

💬 提示词

A handsome boy, Chinese style, martial arts moves, the clothes are traditional. full body, face to viewer, colorful, plastic, product design, glowing jelly, super details, clean background, IP by POP MART, 3D, digital art, close-up, super detailed, C4D, HD, simple background --ar 16:9 --style expressive

3. 3D 古风女孩

3D 古风人物设计将传统文化与现代技术相结合，可以创造出既具古典美感又充满真实质感的艺术作品。这种设计不仅能够展现汉服等传统元素的优雅与美丽，还能够通过 3D 技术和先进的渲染手法，使人物形象更加立体和生动。

此案例的主体是一个穿着汉服、有着长发的可爱女孩。我们在生成主体时，选择了跪姿，使用了 3D 艺术及 C4D、Octane 渲染，并使用光线追踪技术，以确保对象显得质朴且真实。效果如图 7-3 所示。

图 7-3

提示词

long hair, Hanfu, satin, Chinese cute girl, full body, front view, kneeling, 3d art, C4D, octane rendering, ray tracing, clay material, box, Pixar Trends , clean background, a sunset-hued background, animated lighting, depth of field, super fine --v 5 --ar 16:9 --s 750

4. 拟人化的中国龙

　　龙在中国文化中具有重要地位，常被作为吉祥物，寓意吉祥美好。通过 3D 卡通设计，可以赋予传统元素以新的生命力，使其更加生动和吸引人。

　　在此案例中，我们生成了一个拟人化的中国龙形象。这个龙的形象是可爱的卡通风格，并且通过"黄色的龙角，面部与身体同色"的设计，使角色更加可爱和活泼。简单清晰的提示词有助于生成清晰的形象，同时使用了"Pop Mart 风格，3D 建模技术，C4D 渲染"，使龙的形象更加真实生动。效果如图 7-4 所示。

图 7-4

 提示词

Anthropomorphic Chinese dragon, cute cartoon image, yellow horns, face and body are the same color, cute, lively, simple background, pop mart, 3D,C4D --niji 5

5. 玉狮

　　玉石因具有晶莹剔透、自发光的特性及坚韧的质地，自古以来便被视为珍贵的材料。玉石雕塑不仅展示了雕刻技艺的精湛，还体现了独特的美感和深厚的文化内涵。玉石常用于制作各种艺术品和吉祥物，象征着吉祥、美好和高贵。

　　在此案例中，主体是玉石狮子，使用"玉石材质"来描述主体的质感，再加上"晶莹剔透"和"自发光"的特性，使主体更具吸引力。然后加入色彩词"明亮的虹光色"，最后使用"纯色背景"衬托主体。效果如图 7-5 所示。

图 7-5

🔖 提示词

Jade material, crystal clear, self-luminous, bright, a lovely cartoon image, Chinese mythical auspicious animal, shaped as a golden lion, black background, whole body, fine picture quality, looking far away, the gem has a semitransparent texture, bright iridescence color, clean and transparent, natural light, 3D modeling --ar 16:9 --niji 5 --style expressive

6. 熊猫吉祥物

　　熊猫是中国的国宝，也是中国的文化符号之一，承载着丰富的文化意义。在吉祥物设计中，熊猫形象常常被赋予拟人化的特征，以增强其亲和力和情感表达。

　　在此案例中，我们生成了熊猫吉祥物，凸显其可爱的性格。提示词包括"可爱的动物角色，拟人化的微笑，3D渲染，物料反射，丰富的细节，逼真属性"，通过这些描述，可以使熊猫形象更加逼真和生动，还能传达积极的情绪状态，增加吉祥物的吸引力和观赏性。效果如图 7-6 所示。

图 7-6

 提示词

Mascot panda, adorably cute, personified smile, illustration design, 3D rendering, material reflection, rich details, realistic attributes --ar 3:2

　　此案例中，我们继续生成一个以熊猫为主体的插画，但这个主体是一个熊猫战士。画面描绘了一位怒气冲天的熊猫战士，他头戴斗笠，身穿战袍，手持竹矛，站在山间小道上，呈现出战斗姿态。此外，在提示词使用环境雾来增强场景的神秘感和深度，效果如图 7–7 所示。

图 7-7

 提示词

Personified panda, tall and sturdy, wearing a bamboo hat and a cloak, holding a bamboo spear, fighting stance, in the mountains, there is fog around --ar16:9 --niji6

7. 卡通兔

中国传统元素与现代设计的结合常常能带来独特的视觉效果。在平面设计中，通过结合中华民族传统元素和现代卡通形象，可以展现出丰富的文化内涵和现代趣味。

在此案例中，我们将中国传统元素与可爱的兔子相结合。整个设计使用了几何形状，并通过扁平化的方式生成形象，使设计更加简洁明快。效果如图7-8所示。

💬 提示词

carpet pattern, Chinese national element, blue, a cute rabbit, cartoon illustration, geometric shapes --s 400 --niji 5

图 7-8

7.1.2　产品效果图制作

1. 酒瓶

　　酒瓶在中国文化中不仅是一种容器，更是一种艺术表现形式。通过结合美丽的山水景观，可以赋予酒瓶独特的文化内涵和艺术价值，使其不仅具有实用性，还能成为艺术品。

　　此案例的生成主体是一个超现实主义的精致酒瓶。我们在瓶身加入美丽的山水景观图案，仿佛将人带入了一幅中国古典山水画中。通过这种设计手法，酒瓶不仅展现了中国传统文化的魅力，还具有了独特的艺术价值。效果如图 7-9 所示。

 提示词

wine bottle, ultra realistic, decorated bottle, classical landscape painting, mountains and rivers background --ar 3:4

图 7-9

2. 香水瓶

　　香水瓶不仅是香水的容器，也是展示香水品牌和文化内涵的重要媒介。香水瓶的设计往往散发着精致、优雅和独特的艺术美感。通过材质、形状和装饰元素的巧妙结合，香水瓶可以传达出品牌的个性和价值，同时吸引消费者的眼球。

　　在此案例中，我们生成了一款融合了中国和法国设计元素的香水瓶。首先明确主题是有趣的产品设计，设计的主体是香水瓶，具体的设计风格采用中法设计混合。接下来强调灯光效果和图像质量，比如采用柔和的灯光，具有高细节水平等。效果如图 7-10 所示。

图 7-10

💬 提示词

Interesting product design, perfume bottle, mix of Chinese and French design, soft lighting, high precision product photography image, high level of detail --ar 16:9 --v 5.2

3. 茶具设计

　　茶具不仅是泡茶的工具，还承载着丰富的文化内涵和艺术价值。功夫茶具的设计讲求实用性与艺术性的结合，即通过精美的图案和独特的造型，将茶具变成一件可以欣赏的艺术品。

　　在此案例中，首先明确主题是功夫茶具设计。茶具的托盘造型独特，展现了青山绿水的景象，整体色调以薄荷绿为主，营造出宁静和诗意的氛围。通过添加与这些描述相关的提示词，使产品更加概念化和艺术化。效果如图 7-11 所示。

图 7-11

Kung Fu tea set design: landscape painting is the theme, and some teaware depict the scene of green mountains and green waters. The overall color is Mint Green, creating a peaceful artistic conception --ar 3:2

4. 中国风折扇

　　折扇是中国广泛使用的一种物品，既具实用性，又具有艺术价值。折扇不仅用于扇风降温，还常被用作书法和绘画的载体，展示精美的艺术作品和文化内涵。它的扇面上常绘有风景画，或写有书法字体，或题有诗词等，彰显了深厚的文化底蕴。

　　在此案例中，我们生成了一款中国风的折扇。首先明确主题是设计中国风折扇，扇面上绘有山水。通过在提示词中进行相关描述，不仅展示了中国的自然美景，还体现了丰富的文化和历史元素，使产品更具内涵。效果如图7-12 所示。

图 7-12

 提示词

A Chinese-style folding fan design, a perfect painted fan, with landscape paintings with mountains and rivers, some classical buildings, some trees --ar 3:2 –v 5.2

7.2　平面设计行业

7.2.1　海报设计

1. 海报设计

　　海报设计是一种视觉传播手段，通过图像、文字和色彩的组合，传达信息、宣传活动或产品，它通常被用于广告、宣传、文化活动等领域。海报设计不仅要求美观，还需要传达明确的信息并具备视觉冲击力，以吸引观众的注意力。

　　在此案例中，我们生成了一张中国风平面海报。首先明确主题是影视剧海报设计，其次确定海报中的主体形象，然后描述具体的设计风格和形式，最后强调主要色彩。效果如图 7-13 所示。

图 7-13

 提示词

poster design, a handsome young man and a beautiful girl, who dressed in Hanfu, the clothes are mainly red and light cyan, they look at each other, filled with deep affection, minimalism, leaving white, sense of Bauhaus --niji 6

2. 婚礼邀请函

婚礼邀请函是一种用于邀请宾客参加婚礼的正式通知，通常以精美的设计和优雅的文字传达婚礼的时间、地点和其他重要信息。婚礼邀请函不仅是婚礼筹备的一部分，更是一种表达新人心意和婚礼风格的重要方式。现代婚礼的邀请函设计中，常常结合传统与现代元素，通过插画、排版和色彩的巧妙搭配，创造出独特且具有吸引力的作品。

在此案例中，我们生成了一款中国风婚礼邀请函。首先明确主题是设计中国风现代婚礼请柬，然后强化氛围，比如传达婚礼的喜庆和浪漫氛围（完成图像后可以再用 PS 工具加入文字）。效果如图 7-14 所示。

3. 文化宣传海报

文化宣传海报是一种用于推广和传达特定文化主题、事件或纪念活动的视觉媒介。通过图像、文字和色彩的巧妙组合，文化宣传海报不仅能传递信息，还能展示丰富的文化内涵和艺术价值。设计精美的文化宣传海报能够吸引观众的注意力，增强文化传播的效果。

在此案例中，我们生成一个文化宣传海报。首先明确主题是某景点的海报设计，然后描述具体的设计风格、元素和色彩，增强设计的视觉冲击力和艺术感。通过提炼提示词，生成海报展示了文化深度和富有冲击力的视觉美感。效果如图 7-15 所示。

图 7-14

图 7-15

提示词

Chinese style modern wedding invitation, watercolor illustration design, some flowers, blank space, text, white background can be removed, vivid picture --ar 3:4 --v 6

提示词

A ttraction poster design, classical architecture in foreground, the building features red tones, surrounded by mountains in the rear, filled with fantasy and reality --ar 9:16 --v 6

7.2.2 包装设计

1.巧克力包装

包装设计不仅是产品的重要组成部分，更是一种传达文化和品牌理念的方式。在巧克力的包装设计中，通过结合古典元素，可以赋予产品特定的包装形式。

在此案例中，我们生成了一款巧克力的包装设计。提示词的主要思路是强调色彩和喜庆氛围，以红色为主色调，搭配金色花纹，凸显礼物的高档感。效果如图 7-16 所示。

图 7-16

 提示词

Chocolate packaging design, rectangular flat box, dark red, golden pattern, auspicious cloud pattern, product photography --ar 3:2 --s 750

2.茶叶包装

茶叶具有悠久的历史和丰富的文化内涵，因此茶叶的包装也很重要。在设计时，除了添加茶元素，还可以添加一些古典的山水元素，并用流畅线条、水墨色彩或简约风格来体现古典风格。

我们这里对其用极简的中国木版画设计，以凸显古典元素，与茶文化相得益彰。关键点是设计风格简约、颜色和谐（限定了色调），以及采用无缝设计的图案（强调简约的纹理，因此效果简单而对比强烈）。效果如图 7-17 所示。

图 7-17

 提示词

Tea package design, close up, minimalism, Chinese woodblock prints, pattern repetition for seamless design, soft lines, color harmony, black and white, simple, 8k --s 500 --style raw

3. 月饼盒包装

月饼是中国传统节日中秋节的特色食品，月饼盒不仅能起到保护月饼的作用，还能通过精美的设计和装饰传递节日的气氛和文化内涵。月饼盒的设计通常会结合传统的图案和现代的艺术风格，以展现节日的特色和吸引力。精美的月饼盒包装不仅提升了月饼的档次，还能作为礼品传递情感和祝福。

在此案例中，我们使用圆形图案来代表圆月和团圆，用云纹和水纹这两种古典元素来装饰画面，采用极简主义风格，来展现平面图案的美感。此外，包装采用了"Risograph"风格，这种风格介于胶版和丝网印刷之间，通过现代创意的用法，使图案更加生动和富有艺术性。效果如图 7-18 所示。

图 7-18

 提示词

Exquisite moon cake box packaging design, in the center is a circle, cloud pattern and water ripple pattern, minimalism, flat pattern, Risograph --style raw

4. 新年礼盒包装

新年礼盒包装是指用于盛放和装饰新年礼品的外包装。它不仅起到保护礼品的作用，还通过精美的设计和装饰传递节日的喜庆氛围和文化内涵。

在此案例中，我们在提示词中强调了色彩和设计细节，比如纯正的中国红色、皮革缎面材质。此外，加入景深效果和电影灯光，让画面聚焦于主体，增强了视觉效果和吸引力。效果如图7-19所示。

图 7-19

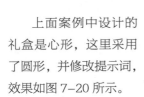 提示词

Chinese New Year creative heart-shaped packaging box design, pure Chinese red color, the surface is made of leather satin material, with peony flowers, the overall matte, simple modern style, New Year atmosphere, a floral background, with depth of field, with movie lights --ar 3:2

上面案例中设计的礼盒是心形，这里采用了圆形，并修改提示词，效果如图7-20所示。

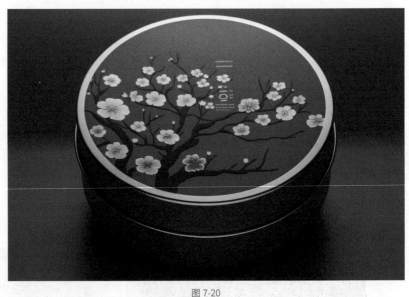

图 7-20

提示词

Packaging design, low round box, apricot blossom, glod-edged, graphic design, extreme closeup, red, metallic colors, Chinese New Year, contrast, high resolution, vector design, minimalist design --s 50 --ar 3:2

7.2.3　品牌标志设计

1. 火锅品牌标志

　　火锅不仅是一种美食，更是一种文化体验。在设计火锅品牌图像时，可以通过线条语言呈现直观的火锅形象。在此案例中，我们生成了一个中国火锅品牌的标志设计。标志设计的核心是"简洁，线条"。效果如图 7-21 所示。

图 7-21

提示词

A logo for Chinese hot pot brand logo, linear, simple, smart, with temple elements --ar 1:1 --niji 6

2. 服饰品牌标志

　　品牌标志是传达品牌形象和核心价值的重要途径。通过使用品牌名称的首字母缩写，可以创造出简洁且具有辨识度的标识。在设计过程中，专业徽章元素能够增强标识的专业度和正式感。

　　在此案例中，我们生成了一个以 DS 为中心的 Logo 设计。提示词中强调的是一个专业徽章元素，细节是花纹设计。接下来，强调设计的简洁性和辨识度 。效果如图 7-22 所示。

图 7-22

提示词

Logo with the initials "DS", on a white background, with a professional insignia, decorative pattern --v 6.0

7.2.4　书籍封面设计

1. 新国风封面设计

　　书籍封面是指书籍的外部包装，通常包括封面、封底和书脊。封面设计不仅是吸引读者的重要手段，还能传达书籍的主题和调性，帮读者快速了解书籍内容。优秀的封面设计能够引起读者的兴趣，激发他们的阅读欲望，同时也能增强书籍的市场竞争力

　　在此案例中，我们生成了一本小说的封面，背景为雾蒙蒙的仙境氛围。封面上写有"仙"（中文文字较难识别出来，可以等待后续版本更新），并结合中国风格和厚涂绘画技巧，给人以国风融合现代插画的感觉。效果如图 7-23 所示。

2. 素雅封面设计

　　通过使用特定的背景和艺术风格，可以为书籍营造出独特的视觉效果和情感体验。

　　在此案例中，我们的核心思路是营造宁静的氛围。使用提示词对封面进行了详细的描绘，如一轮明月升起，一个仙气飘飘的女孩立在树前。整体风格为经典的中国水墨画风，但使用了柔和的彩色调，营造出宁静、梦幻的氛围。效果如图 7-24 所示。

图 7-23

图 7-24

 提示词

The cover of the novel has a misty background, which gives it a fairyland feel. The title "仙" is written on the picture. The heavy Chinese style is combined with thick painting techniques --ar 3:4 --niji 6

 提示词

The cover of the novel is full of fairy spirit, under a bright full moon and a blue sky, the girl in Hanfu standing in front of a tree looks ethereal --ar3:4 --niji 6

7.3 游戏行业

7.3.1 游戏角色设计

1. 游戏角色概念图

游戏角色概念图是指在游戏开发过程中，用于展示和定义角色外观和特征的初步设计图。这些概念图不仅能帮助团队成员理解角色的视觉形象，还为后续的建模和动画制作提供了重要参考。一张成功的游戏角色概念图可以直观地传达角色的性格、背景故事和独特的视觉元素。

此案例的主题是游戏角色设计，角色形象是古代中国女子，粉色连衣裙。在提示词中设定具体的艺术风格 "Nadav Kander, Grigory Gluckmann"（Nadav Kander 以其细腻的人物摄影和情感表达著称，Grigory Gluckmann 则以其现实主义和表现主义相结合的绘画风格闻名），以及通过现实主义来增强人物形象的质感。生成效果如图 7-25 和图 7-26 所示。

图 7-25　　　　　　　　　　　　　　　　图 7-26

提示词

A girl from ancient China, full pink fashion dress, character design, realism, a simple background, in the style of Nadav Kander, Grigory Gluckmann, realist detail, a watercolor painting --s 400

2.角色形象对比

在游戏角色概念设计中，不同的角色设定和风格可以增加游戏的丰富性和吸引力。因此，在提示词中需要有创意地对具体角色进行细致描述，展示角色截然不同的气质和特点。

在此案例中，第一个角色设定是瘦高的男子，他穿着深色长袍，戴着眼镜，并坐着弹古琴。在艺术风格上，融合了插画、油画、水彩等多种风格。效果如图7-27所示。

我们主要修改人物的体型、服饰和动作来塑造另一个角色，调整为胖乎乎的鼓手，身穿麻布朴素汉服。效果如图7-28所示。

图 7-27

提示词

A tall, thin man in a traditional deep-colored robe with glasses, sitting and playing a traditional Chinese guqin, illustration, oil painting, a watercolor painting, simple background, rainbow color --ar 4:3 --niji 6

图 7-28

 提示词

A fat man wearing a simple Hanfu, sitting and playing the drums, a simple background and full-color, illustration, oil painting, a watercolor painting, rainbow color, breathtaking moment --ar 4:3 --niji 6

3. 藏族小女孩

　　在角色设计中，融合不同文化和地域风格可以创造出独特且引人注目的形象。

　　在此案例中，我们的设定是一个藏族女孩。围绕主体详细描述了她有着长长的黑发，穿着带有许多独特装饰的藏族服装，戴着藏族帽子。角色设计风格受到"Hayao Miyazaki and Pixar animations"的影响，因此画面效果灵动自然。效果如图 7-29 所示。

 提示词

A Tibetan girl with long black hair, wearing Tibetan clothes, with lots of distinctive decorations, a Tibetan hat, a white background, a character designed in the style of Hayao Miyazaki and Pixar animations, game design --ar 3:4 --niji 6

图 7-29

4. 灵鸟族公主

　　在此案例中，我们设计一个鸟族公主，采用绿色调，使整个画面呈现出清新而独特的风格。此外，在设计中添加花鸟元素，采用漫画风格，使画面更加丰富和多样。为了确保面部的细腻和精致，我们采用了局部重绘功能，使画中的女性形象更加贴合主题。效果如图 7-30 所示。

图 7-30

提示词

A gorgeous fairy with birds and flowers, in green tones, game design --ar 3:2 --niji 5

5. 武将张飞

游戏角色设计可以融入历史和文化背景，展现人物独特的形象气质。

在此案例中，我们设计了一个武将形象——三国时期的著名将领张飞。在提示词中应重点强调角色特征，比如勇猛、愤怒，使其更具视觉冲击力。效果如图 7-31 所示。

6. 后羿射日

在中国古代神话故事中，"后羿射日"是一个广为人知的传说。这个故事讲述了后羿为了拯救人类而射下多余的太阳，展现了他的英勇形象。

在此案例中，我们设定游戏的角色是一个干净、英俊的东方男子，身着简约的服装，手持弓箭。采用极简风格、工笔画风格、水彩画风格。效果如图 7-32 所示。

图 7-31

提示词
Game character design, Zhang Fei, a brave warrior general, angry, brave --ar 3:4 --niji 6

图 7-32

提示词
A handsome man, dressed in simple acient clothes. Holding a bow and arrow, minimalist, Gongbi and watercolor --ar 3:4 --niji 6

7. 驭龙少年

　　驭龙少年是指能够驾驭龙的年轻英雄形象。他们通常具备非凡的勇气、智慧和力量，能够对抗邪恶、守护正义。在现代艺术和设计中，驭龙少年的形象常被用于表现传统文化中的神秘和传奇，激发观众的想象力和共鸣。

　　在此案例中，首先明确主体是一个少年和一条龙，然后在提示词中设定色彩和气氛。效果如图 7-33 所示。

图 7-33

 提示词

　　A boy in ancient china, with a dragon behind him, head close-up, the dragon is black and gold, oriental style, matte photo, bold character design --ar 3:2 --niji 6

8. 幻狐兽

在游戏角色设计中，游戏角色的形象一般比较夸张，可以将象征其特点的各种元素体现出来，通过结合厚重的绘画风格和现代艺术风格，可以创造出独特且富有吸引力的形象。

在此案例中，我们生成一个幻狐兽，即一个虚幻的狐狸形象。我们将狐狸拟人化，使它既有狐狸的特点，又有女孩的面孔，穿着华丽的服饰，很有气势。在提示词中，我们加入以上特点的描写，效果如图 7-34 所示。

图 7-34

 提示词

The girl fox, anthropomorphic, dressed in elegant clothes, standing posture, very tall, with thick painting strokes, ArtStation --ar 3:4 --niji 6

9. 功夫兔

　　角色表（Character Sheet）是一种记录和展示角色详细信息的表格，通常在角色扮演游戏（RPG）或写作过程中使用。它包括角色的基本属性、技能、背景故事、外貌特征、装备和其他相关信息。在生成角色案例时，可以展现角色的三视图。

　　在此案例中，我们生成了一组可爱的功夫兔，展现其三视图角色设计。首先明确主体是可爱的功夫兔，然后描述角色的艺术风格"插画风格，拟人设计，卡通动画风格"。最关键的是描述具体视图"正面视图、侧面视图和背面视图"，即三视图。效果如图 7-35 所示。

图 7-35

 提示词

Cute kungfu rabbit, illustration style, anthropomorphic, Cartoon animation style. Animation, front views, side views, back views --ar 3:2 --niji 5

7.3.2 游戏场景设计

1. 3D 古都地图

3D 古都地图是以三维形式展示古代都城及其周边地形的详细地图。在游戏场景设计中，可以利用提示词来模拟生成 3D 地图，从而展示古代都城复杂的地形和位置关系。

在此案例中，首先明确主题是生成一个古代中国都城位置的地图，并描述地图的整体风格和色彩，比如色彩为深灰色和浅米色，风格为宁静花园景观风格。此外，还可以在提示词中添加拼图元素和梦幻般的场景，以增加地图的视觉吸引力。效果如图 7-36 所示。

图 7-36

 提示词

Map of the locations of ancient Chinese capitals, the land map in full 3D, in the style of tranquil garden landscape, dark gray and light beige, ancient architecture, romantic depictions of historical events, puzzle-like elements, dreamlike scenarios --ar 16:9 --niji 5

2. 仙侠场景俯瞰图

　　在游戏场景设计中，通过描述氛围和意境可以营造梦幻般的场景，特别是在仙侠题材的移动端游戏中。

　　在此案例中，我们的主要思路是为移动仙侠游戏设计一个大气的游戏场景俯瞰图。为了完善构图和环境，强调建筑的布局和特色，设定有聚散的建筑，漂浮在岛屿上。为了增强场景的氛围，背景设定为云海缥缈的空灵感觉，并补充了"复古设计，空间感，高细节，中国传统水墨风格"。通过设定提示词，我们生成一个了既具仙侠风格又充满艺术感的游戏场景。效果如图 7-37 所示。

图 7-37

 提示词

Mobile game scence design, Chinese fairy style, top view angle, gathering and scattering some buildings, floating in the air island with buildings, some different groups of buildings, background is cloud sea, ethereal, cloud and fog, retro design, sense of space, high detail, Chinese traditional ink and wash style --ar 3:2 --s 400 --niji 5

3. 仙侠剧情图

在动作角色扮演游戏（ARPG）中，通过融合中国仙侠元素和精美的艺术设计，可以提升游戏的视觉效果。

在此案例中，我们继续尝试设计仙侠游戏的场景，不过这里是剧情图。我们把中国风与其他游戏场景设定相结合，明确主题和具体元素，如 RPG、用户界面、中国仙侠。效果如图 7-38 所示。

图 7-38

> 提示词
   Game scene design, RPG, UI, Chinese ancient immortal, game stared, Ink painting, watercolor --ar 3:2 --niji 5

4. 奇幻古墓

奇幻古墓是一种结合了奇幻元素与古墓文化的场景设计，这样的游戏场景通常具有神秘和冒险的氛围，融合了古墓、宝藏、机关等元素，给人一种探索未知的刺激感。

在此案例中，我们尝试用提示词来生成一张奇幻古墓的场景设计图。首先明确主题是奇幻古墓场景设计，然后描述具体的构图和氛围，比如"正面视角，居中构图，焦点构图，中景，月光，深蓝色背景"（不同于近景特写、俯瞰等构图，中景是叙事性最强的景别）。接下来，描述场景中丰富的元素和风格，比如幻想风格。古墓中的元素有石柱、石板瓦片等，通过提示词强化氛围与细节。效果如图 7-39 所示。

图 7-39

 提示词

Front view, center of the composition, focal point composition, medium shot, moonlight, dark blue background, no humans, exquisite stone table, fantasy, smoke, dark cave interior, ancient tombs of Chinese architectural style, interior environment, totem poles, various patterns --ar 3:2 --s 400 --niji 5

5. 废弃之城

在此案例中，我们尝试用提示词来生成一个战后废墟场景（"废墟"一词可以让画面的氛围更加荒凉）。在提示词中可以体现出夜晚、森林、战后、荒凉等，并使用横向卷轴动作，效果如图 7-40 所示。

图 7-40

 提示词

Game screen, horizontal scrolling action, no people, an ancient Chinese city ruined after the war, forest, night --ar 16:9 --niji 6

6. 游戏动态效果图

　　游戏动态效果图是指通过动画和特效展现游戏中的动态场景，增强玩家的视觉体验和沉浸感。这类效果图常用于展示角色的动作、环境的变化及各种特效，帮助设计师和开发团队更好地理解和呈现游戏的视觉元素。

　　在此案例中，我们尝试用提示词来生成这个动态场景。首先，明确主体是一个使用法术控制火焰的男子。其次，描述具体的动作和场景，比如火焰形成的烟雾从他身体上飞起。然后，描述人物的外貌和服饰，比如穿着传统的中国汉服。最后，强调场景中的动态效果和环境，比如沙子飞扬、太极旋转、旋风雷电、飞沙走石。效果如图 7-41 所示。

图 7-41

📖 提示词

A man dressed in Hanfu, use magic arts to control fire, the smoke formed by the fire, coming out his body, back view, martial art, sand flying around the man, Tai Chi spinning, whirlwind thunder and lightning, flying sand and rocks, Unreal Engine 5 --ar 3:2 --niji 5

7.3.3　游戏道具设计

1. Marashar 岛屿设计

　　在游戏设计中，道具和资产是构建丰富游戏世界的重要元素。通过结合多种艺术风格和流行文化元素，可以创造出独特且富有吸引力的游戏道具和地图。

　　在此案例中，我们生成了"Marashar 岛屿"的概念图。采用俯视插图、清新的色彩和高对比度。关键部分在于强调地图的游戏资产属性和艺术风格。效果如图 7-42 所示。

图 7-42

提示词

The map of Marashar island, top-down illustration, fresh colors, high contrast, game assets, props, cartoon, dofus theme --s 1000 --style raw --niji 5

　　我们利用上个案例的手法来创作中式风格的游戏资产。此处以生成唐代风格中国庭院为主题。我们强调有趣的透视，设定等距视角。为了便于建模和处理，强调了"白色背景，黏土渲染，明亮的色调，Blender 制作"。效果如图 7-43 所示。

图 7-43

提示词

Game screen, Chinese-style courtyard, Tang Dynasty style, isometric perspective, game resources, ultra-casual, 3D, white background, clay rendering, bright, made with Blender --ar 3:2 --niji 6

2. 角色徽章

在游戏设计中，徽章是重要的游戏道具和资产。金银北欧徽章不仅具有装饰作用，还能在游戏中赋予角色特定的属性或能力。

在此案例中，我们生成了一个主题为"金银北欧徽章"的游戏资产，并使用提示词充分地描述具体设计细节，比如镶嵌红宝石，是一个头盔徽章。此外，还强调肌理和艺术风格，如幻想概念、油画、羊皮纸背景。效果如图 7-44 所示。

图 7-44

 提示词

Game asset, gold and silver medallion, Nordic style, ruby inset, helmet emblem, fantasy concept, oil painting, parchment background --style raw --niji 5

我们在上个案例的基础上微调提示词，生成主题为"古代中国徽章"的游戏资产。对设计细节和材质也稍做修改，如金玉材质，有复杂的龙纹设计，是一个皇室徽章，效果如图 7-45 所示。

图 7-45

 提示词

Game asset, ancient Chinese medallion, gold and jade, intricate dragon design, ruby inset, imperial emblem, fantasy concept, oil painting, parchment background, traditional Chinese style --ar 1:1 --niji 6

3. 任务宝箱

在游戏设计中，宝箱是重要的游戏道具和奖励，根据级别的设置可以分为青铜宝箱、黄金宝箱、铂金宝箱、钻石宝箱等。这类资产能在游戏中提供丰富的奖励，增加游戏的乐趣。

在此案例中，我们生成了主题为"铂金宝箱"的游戏资产。为了凸显趣味性，强调是海底的宝箱，而且是游戏奖励，然后描述具体的宝箱细节，比如具有浅灰色和光滑优雅的外观，并强调了艺术风格为像素艺术。效果如图 7-46 所示。

图 7-46

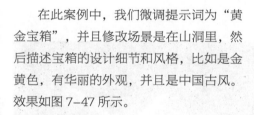 提示词

Platinum Box, treasure chest under the sea, reward for the game, light gray color, a sleek and elegant appearance, pixel art --style raw --niji 5

在此案例中，我们微调提示词为"黄金宝箱"，并且修改场景是在山洞里，然后描述宝箱的设计细节和风格，比如是金黄色，有华丽的外观，并且是中国古风。效果如图 7-47 所示。

图 7-47

 提示词

Golden Box, treasure chest in the cave, reward for the game, gold color, a luxurious appearance, traditional Chinese art style, Self-luminous --ar 1:1 --niji 6

4. 游戏武器

　　武器是许多游戏中必不可少的道具，通过细致的艺术设计和独特的风格，可以创造出吸引玩家的游戏元素。

　　在此案例中，我们生成一把锋利的剑，名为"国王之剑"。核心提示词强调"Velvia 胶片风格"（即正片或透明片，其因鲜艳的色彩、高对比度和高饱和度而广受欢迎）。效果如图 7-48 所示。

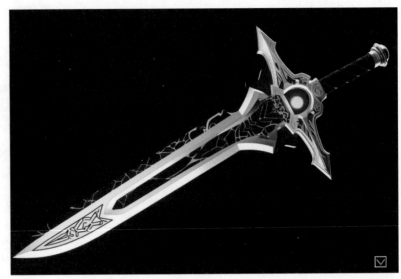

图 7-48

提示词

The sword of kings, in the style of light white and dark azure, silver white sword body, textured, octane render, dark silver and light black, precision, Velvia, smooth surface, tachism --niji 5 --ar 3:2

　　我们还可以为剑设计不同的效果，这次添加星星、彩虹、银河等多种元素，让这把剑显得熠熠生辉，起到装饰剑身的作用，效果如图 7-49 所示。

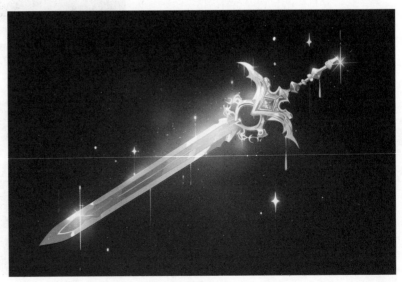

图 7-49

 提示词

Sword, abstract star, rainbow, milky way, comet, sparkles, star --niji 5 --ar 3:2

7.4　漫画行业

7.4.1　黑白漫画

1. 人物形象

　　漫画是通过图像和文字结合来讲述故事的一种艺术形式，能够生动地展示角色和场景。在创作古风漫画人物时，可以通过合理的提示词生成有趣的古风漫画图像（因为 Midjourney 无法准确操控中文文字，所以我们将重点放在图像生成上）。

　　在此案例中，我们创作一幅人物形象漫画。我们对漫画角色赋予了优美的姿态，穿着华丽的衣服，手拿扇子，背景中有一些漂浮的荷花。最后使用传统艺术搭配复古黑白风格来营造怀旧的效果。效果如图 7-50 所示。

图 7-50

 提示词

A beautiful woman, lying posture, holding a fan looking ahead, some lotus flowers on the water surface, black and white style picture, traditional Chinese style, ink wash painting --ar 16:9 --niji 6

2. 玄幻场景

玄幻场景是指通过想象和创意，融合现实与幻想元素，创造出超越现实的奇幻世界。

在此案例中，我们生成了一个充满玄幻风格的黑白漫画场景，这是一个战斗场景，水墨画风格，有剑冢，有不同大小的剑插在远山中。难点在于不同的山和剑之间的层次关系难以把控，因此需要使用重复迭代法找到合适的构图和层次。效果如图 7-51 所示。

图 7-51

提示词

Battle scenes, ink wash painting, sword mounds, swords of different sizes inserted into the distant mountains, martial arts, a platform built by huge stone pillars, black and white sketches, pencil traces of quick drawing, rhythm --ar 3:2 --niji 5

7.4.2　漫画分镜设计

在古风漫画分镜设计中，通过简洁的黑白线条和细腻的画风，可以生动地展示故事情节和角色动态。

在此案例中，我们生成主题为"古代围城战的故事"的漫画分镜。用提示词描述具体的战争中的场景，比如士兵们手持长矛，英勇奋战，周围硝烟四起。该漫画分镜设计包括远景、中景、近景。效果如图 7-52 所示。

图 7-52

 提示词

Storyboard, three scene clips, ink wash painting, black and white sketch, depicting the story of an ancient siege battle, with generals dueling, soldiers holding spears, fighting, and amidst the flames of war, a cloud of smoke floated over --ar 3:2 --v 6

7.4.3 古风条漫设计

1. 兵临城下

古风条漫设计通常采用传统的中国艺术元素，如水墨画风、古典服饰和历史背景，结合现代漫画的叙事手法，以长条形式连贯展示故事情节和角色动态。

此案例与漫画分镜设计类似，我们用多个分镜头形式描述主题"剑客们之间的战斗，多部分的图片展示，分离的场景"。然后强化场景的氛围，比如动作激烈。注意，此处的画幅比例设置为1:2，纵向的构图会直接影响分镜的呈现形式。效果如图7-53所示。

图 7-53

 提示词

A comic strip of several parts of a picture, that shows a fight between a group of Chinese swordsmen, very detailed illustrations, intense action scenes, separation --ar 1:2 --stylize 100 --v 6

2. 天下纷扰

除了使用分镜呈现漫画，也可以通过生成多张单图来构成漫画情节。但此方法的局限在于，目前的版本还无法实现角色角度的一致性（cref 角色参考可以在一定程度上控制核心特征，但无法像人一样自然地控制图像逻辑）和输出故事画面的细节可控性，只能通过生成近似图像的内容形式来传达意图。

在以"天下纷扰"为主题的图像生成中，通过"特色漫画艺术风格，历史事件，线条精准，英雄之间的冲突，苦难，人们生活在水深火热之中，过着非常贫困的生活，衣衫褴褛，房屋即将倒塌，饥饿"这些丰富的提示词信息来丰富画面。这些提示词并没有直接指向一个明确的主体或者人物，而是描绘天下大乱中的民间疾苦，给 AI 生成内容留下了丰富的空间。通过重复迭代法生成的多组内容如图 7-54~ 图 7-57 所示。

 提示词

Featured comic art style, historical events, precise lines, colorful animation stills, ancient China, conflicts among heroes, misery, people living in dire straits, living a very poor life and poverty, in shabby clothes, houses about to collapse, hungry, mud houses --chaos 10 --ar 1:2 --stylize 300 --v 6

图 7-54　　　　　　　　　　图 7-55

图 7-56　　　　　　　　　　图 7-57

7.5 服饰行业

7.5.1 纺织品装饰纹样设计

通过合理的提示词引导，我们可以生成各种图案和纹样，并应用在纺织品领域，使产品图案更加丰富。使用 AI 生成纹样，需要达到无缝拼接效果，因此，提示词的关键之处为"无缝图案插图"。无缝图案意味着设计中的元素将连续重复，没有明显的开始和结束。这种排列方式在视觉上创造了一种连续性和统一性，使图案看起来更加和谐和完整。使用第 2 章提过的 Tile（平铺）指令，可以达到同样的效果。

1. 吉庆花卉纹

传统装饰图案包括花卉纹样和其他富有文化意义的元素，通过精美的图案和色彩组合，可以营造出喜庆和谐的氛围。

在此案例中，我们通过定义织物的底色、风格和重复方式，生成了一幅吉庆花卉的图案。效果如图 7-58 所示。

图 7-58

提示词

Asian decoration, on red background, illustration, seamless pattern images --ar 3:2 --tile --v 6

2. 吉祥富贵纹

平铺指令能够生成织物、壁纸和纹理的无缝图案。此案例将主题设定为"中国宫廷元素图案"，根据主题设定提示词中含有云纹、蓝色、纹理、华丽等多种元素，然后进行生成，效果如图 7-59 所示。

图 7-59

提示词

Design a pattern for fabric, Chinese palace elements, decorative, blue tone, texture, elegant, geometric, soft and bold, vibrant color, gorgeous --ar 3:2 --tile --v 6

7.5.2　改良汉服设计

1. 短衫长裙

汉服是中国汉族的传统服装，具有悠久的历史和深厚的文化内涵。汉服的基本特征包括交领右衽、系带结扣、宽袍大袖等，体现了中华民族的服饰美学和礼仪规范。

在此案例中，我们生成了一组改良版中国风秋季汉服。这组改良汉服有小立领，整体呈现淡黄色，有墨绣图案。这些特点给人一种美丽、优雅的感觉。在提示词中添加这些描述后，最终得到如图 7-60 和图 7-61 所示的两张效果图。

图 7-60

图 7-61

 提示词

The improved Hanfu, Hanfu style, yellow and white, ink embroidery, beautiful and elegant dress, rich layers, luxurious and elegant skirt, wide sleeves, bright light, full body --ar 2:3 --v 4

2. 鹅毛披风

　　在此案例中，我们生成了一套冬季汉服，是中国传统风格的披风汉服，有雪白的毛领。为了凸显富贵的特征，设计成暗红为主、丝绸材料，白色长袖很飘逸。效果如图 7-62 所示。

3. 夏荷短裙

　　与图 7-62 中的冬季毛领汉服的雍容华贵相对，此案例则是生成一款清凉的汉服元素夏裙套装。我们重点描述了主体的材质和造型，比如上身为短款大袖，渐变蓝雪纺面料薄纱衣，下身为牡丹花刺绣的坠子裙，另配一条花纹复杂的宽腰带。效果如图 7-63 所示。

图 7-62

图 7-63

 提示词

Luxury Hanfu, goose down fur collar, fur coat, dark red color design, white long sleeves are very elegant, silk fabric, embroidered with translucent crystal shiny pearls, crystal shiny diamonds, very beautiful, noble, gorgeous and detailed, imagical, octane rendering, surreal, dreamy set 16k --ar 2:3 --v 4

 提示词

A set of Hanfu, Chinese Tang Dynasty, the lower body is a miniskirt with peony embroidery, hanging on the hanger, wide sleeve swing blue gradient, chiffon fabric, complex belt accessories, digital rendering, fantasy, HD, detail, movie lighting, 55m focal length, UHD, octane rendering --ar 2:3 --v 4

4. 中性套装

在生成服饰时，也可以加入更加多元化、现代化的元素。例如，将重点词设为"中性服饰"。中性，即适合任意性别。这要求服装设计不偏向男装也不倾向女装，旨在创造一种更加通用的样式，满足现代人穿着服装时的便利和自在需求。

通过简化服装的剪裁，配合中性的颜色，可以实现中性设计效果。在提示词中可以使用"汉服的多功能性和包容性"，来表现汉服能够适应不同的身材和个人风格，同时保持其文化特色和美学价值，效果如图 7-64 和图 7-65 所示（一套黑色服装沉稳厚重，一套米灰色服装质朴耐看）。

图 7-64　　　　　　　　　　　　　　　　图 7-65

 提示词

Full-length shot, front, gender-neutral: design a set of Hanfu that can be worn by both men and women, highlighting the versatility and inclusivity of the Hanfu.--ar 2:3 --v 6

7.6 室内设计行业

7.6.1 室内设计效果图

1. 客厅效果图

室内设计效果图是指通过绘图、渲染等技术手段，展示室内空间设计的效果图像。这些图像可以帮助设计师和客户直观地看到设计方案的最终效果，包括空间布局、色彩搭配、家具摆放等。AI 在生成室内效果图方面具有强大的潜力，可以帮助设计师更好地展现设计理念。

在此案例中，我们生成了一张现代中式风格的室内设计效果图。这里是一个装饰豪华的客厅，具有漂亮的灯光。效果如图 7-66 所示。

图 7-66

 提示词

A luxuriously furnished living room, beautiful light, Chinese style, interior renderings, sofa --ar 16:9 --v 6

和绘画作品一样，在使用 AI 工具做辅助设计时，也可以用设计师作为效果关键词，以丰富画面效果。例如，加入中式设计的代表人物琚宾，凸显更现代化的、简洁的中式设计风格。在生成室内效果图时，加入软件提示词"3D MAX 渲染，照片级纹理"，可以让画面呈现出接近照片级别的纹理和细节。效果如图 7-67 所示（用同一组提示词生成的效果图，上图更清新，下图更温馨）。

图 7-67

 提示词

A minimalist new Chinese style living room, 3D MAX rendering, with a photo grade texture, clean, practical, and realistic, decorative paintings, by Jubin --ar 16:9 --v 6

2. 卧室效果

在现代室内审美中，中式风格的室内设计不一定是有复杂的装饰和红木家具，也可以是不同风格的融合。在此案例中，通过在提示词中使用中式风格搭配日式极简风格来营造简约的卧室风格效果，进一步丰富提示词中的细节后，效果如图 7-68 所示。

提示词

Bedroom, super flat wardrobe, white and wooden soft furnishings, Chinese style with Japanese minimalist style, interior renderings --ar 3:2 --stylize 200 --v 6

图 7-68

7.6.2 公共空间设计效果图

1. 中式餐厅

公共空间设计是指对公共区域进行规划和布置，以满足人们的使用需求和审美要求。公共空间包括酒店大堂、餐厅、会议室等，通过对空间进行巧妙的设计和布置，可以提升空间的功能性和视觉效果。

在此案例中，我们生成了一个中式餐厅的设计效果图。首先明确主题为设计五星级酒店的新中式餐厅，这不同于一般的餐馆和传统的中式餐厅，它应该具备比较高端的品质和现代中式设计风格，可以采用现代构图、极简风格，并结合季裕棠的个人设计风格。效果如图 7-69 所示。

提示词

Interior design photos, new Chinese restaurant designed for a five-star hotel, a mix of modern composition and new Chinese minimalist style, Ji Yutang's personal design style --ar 16:9 --v 6

图 7-69

2. 酒店大堂

AI 生成的内容不仅依靠训练数据，更依靠我们的想象力。

接下来调动我们的想象力，尝试生成一个地下的酒店。主题为酒店大堂设计，在提示词中加入"震撼的美学大片，氛围感，不寻常的室内设计，地下美学"来渲染氛围，并补充一些设计细节，如石头有被雕刻的痕迹，效果如图 7–70 所示。

图 7-70

 提示词

The hotel lobby design, located in a deep underground pit, the shocking aesthetic blockbuster, atmosphere, unusual indoor design, underground aesthetics, the traces of carving --ar 16:9 --v 6

如果还想继续优化效果，可以再加入一些风格词和地理特征。通过提高空间高度，增强画面视觉张力，最终效果如图 7–71 所示。

图 7-71

 提示词

The hotel lobby design, located in a deep underground pit, the shocking aesthetic blockbuster, the combination of modern and mysterious, special geographical environment, high space, atmosphere, unusual indoor design, underground aesthetics, the traces of carving --ar 16:9 --v 6

3. 室内书店

书店是一个专门销售书籍的商业场所，通常提供各种类型的图书，包括文学、历史、科技、艺术等，以满足不同读者的需求。书店不仅是购买书籍的地方，还常常成为文化交流的场所，通过举办签书会、读书会等活动，促进读者与作者之间的互动，提升文化氛围。

在此案例中，我们使用"云"这个创意元素生成了书店室内设计图。重点在于灯具设计为云朵形状，采用自发光软膜制作，悬挂在黑色的顶面上，其中黑色顶面衬托了云的飘逸，形成了有趣的视觉观感，效果如图 7-72 所示。

图 7-72

🔊 提示词

Bookstore interior design, modern aesthetics, minimalism, natural color, soft light and atmosphere, Chinese style, white cloud shaped lamps made of a self-luminous soft film, black top --ar 16:9 --v 6

7.6.3 局部效果图展示

局部效果图可以展示室内设计细节和风格，它不仅可以作为意向图，还可以在展板中作为补充构图的元素。通过 AI 工具生成局部效果图，可以帮助设计师更直观地呈现设计理念。

在此案例中，我们生成了客厅一角的效果图。在提示词中用到复古灵感、Colin King 风格和 Christian Liaigre 风格（Colin King 的设计风格以简约优雅为主，强调自然材质和手工艺品的质感，常常利用简单的线条和中性色调来创造宁静和谐的空间。Christian Liaigre 的设计风格以极简主义和优雅著称，注重材质的选择和工艺的精细，喜欢使用木材、皮革等天然材料，追求一种低调的奢华）。

此外，画面内容包含书柜、绿植和装饰画，这些具象的内容是风格的折射和映照。效果如图 7-73 所示。

 提示词

Interior design photography, living room corner, a bookcase, green plants, decorative paintings, black, white, simple large windows, minimalism, retro inspiration, Colin King style, Christian Liaigre style, aesthetics photo-realistic --ar 3:4

图 7-73

接着，用同样的设计思路生成书房一角。提示词中用到了"新中式极简家具桌，YABU 的中式风格，工笔风格，质朴简约，宁静的视觉效果，留白构图"。这些关键词强调了室内设计大师和新中式风格，并强调了自然质感和宁静氛围，效果如图 7-74 所示。

提示词

A new Chinese minimalist furniture table, YABU's Chinese style, Gongbi style, fine brushwork, rustic and simple, tranquil visual effects, blank composition, peaceful atmosphere --ar 3:4 --v 6

图 7-74

7.6.4 室内家具设计

1. 扶手椅

明式家具是中国古典家具的美学巅峰，它以讲究比例尺度、造型简洁、线条流畅、少装饰、多素工、尽量保留木纹肌理等优点而闻名。明式家具重实用，以人为本，崇尚自然，追求天人合一的设计理念，对后世的家具设计产生了深远的影响。

在此案例中，主体为一个简单而现代的椅子，设计风格采用了中国传统家具设计风格和现代极简主义风格，在提示词中用"光线充足，具有自然光和柔和的灯光，产品展示，正面，清晰的焦点"来增强氛围和限定构图，效果如图 7-75 所示。

图 7-75

 提示词

Simple and modern chair, furniture design, Chinese traditional style, minimalist, still life, light-filled, natural light and soft lighting, product display, front, sharp focus, natural transition, photorealistic, hyper realistic --ar 16:9 --style raw

2. 青绿灯笼

灯笼是中国传统文化中具有象征意义的装饰物，常用于节庆和重要场合。通过 AI 绘画，可以生成现代风格的灯笼的效果图。

在此案例中，灯笼以青绿色为主要色调，搭配白色，有梅花图案和流苏，并受"古代中国艺术"的影响。效果如图 7-76 所示。

提示词

A lantern on a white background, centered, complete, white and green, light in color, glittering, plum blossom, clear edges, influenced by ancient Chinese art --ar 3:4 --v 6

图 7-76

3. 折叠屏风

屏风是中国传统家具中的重要元素，不仅具有实用功能，还能起到装饰作用，主要用于挡风、隔断空间和装饰房间。屏风的设计和制作材料多样，可以是木材、金属、丝绸等，图案常常包括山水、花鸟和人物等，体现出了丰富的文化内涵和艺术价值。

在此案例中，生成一个中国风的屏风，色调为绿色，有风景画，采用简约清新风格。画面摒弃了传统复杂的屏风设计，采用了现代手法。限定词为绿色、风景、花、树。明确了屏风的主色调后，加入环境影响。效果如图 7-77 所示。

图 7-77

 提示词

An indoor art installation, featuring minimalist Chinese aesthetic, golden jade folding screen, green tone, beautiful flowers and full moon, green, daytime --ar 4:3 --v 6

4. 古典风格办公桌

办公桌是办公用品设计中的重要元素，用于营造一个稳定且舒适的工作环境。它不仅需要满足功能需求，如足够的桌面空间和储物功能，还需要具备美观和舒适的特点，以提升整体办公环境。

在此案例中，提示词核心为"金属和皮革材质"。通过参考中国明式家具风格和融合简约的米兰家具设计风格，使办公桌的设计既有传统设计的优雅，又具备现代设计的简洁。效果如图 7-78 所示。

图 7-78

 提示词

Modern desk furniture design, combined with metal and leather materials, referring to the Chinese Ming style furniture style, integrated simple Milan furniture design style, use wood color matching style, follow the minimalist style, without monotonous and boring, Corona Render --ar 16:9 --v 6

7.7　风格融合与跨界探索

　　本节旨在探讨不同风格之间的融合与跨界应用，展示多样化的视觉表现形式。通过将中式风格与平面插画、二次元、厚涂、水墨、极简、版画、波普、哥特式、新艺术运动、矢量插画、传统水彩等风格相结合，可以展现创新与多元的设计思路，也可以激发更多的创意灵感。

7.7.1　中式与平面插画风格

　　中式与平面插画风格是现代插画艺术的重要分支，结合了中国传统艺术的精髓与现代设计的简约，形成了独特的视觉表现力。

　　在此案例中，我们的思路是生成一张可爱俏皮的儿童插画。提示词核心为"儿童面部特写，丰富多样的表情，唐代风格的中国古典人物插画，平面插画"。通过重复迭代法，我们生成了一个顽皮的小男孩形象。效果如图 7-79 所示。

提示词

Close-up of child's face, rich expressions,
varied expressions, flat illustration,
sense of design, delicate and beautiful,
Chinese classicism figure illustration,
Tang Dynasty style, Chinese traditional
minimalism --ar 16:9 --niji 6

图 7-79

7.7.2　二次元与厚涂风格

　　萨金特（John Singer Sargent）是 19 世纪末 20 世纪初著名的美国画家，以肖像画和厚涂风格而闻名，他的作品以细腻的笔触和丰富的色彩层次展现出人物的立体感和质感。NIJI cute 模型是一种专注于水彩可爱系的二次元风格 AI 绘画模型。将萨金特的厚涂风格与 NIJI cute 模型相结合，可以创造出独特的视觉效果。

　　在此案例中，我们在提示词用到了 John Singer Sargent，该案例生成一个有忧郁表情的女孩，光线打在她的脸上，生成了极佳的图像。效果如图 7-80 所示。

图 7-80

提示词

A beautiful girl, painting by John Singer Sargent, melancholy expression, beautiful eyes,
brilliance, jewelry, portrait, beautiful face, beautiful light on her face, best quality, ultra detail
--ar 91:51 --niji 5 --s 400 --style cute

7.7.3　水墨与极简风格

水墨画以其流动的色彩和丰富的层次感而著称，而极简风格则注重减少不必要的元素，以达到纯粹和干净的效果。我们可以使用 AI 来融合两种风格，生成具有独特意境的图像。

在此案例中，我们的提示词核心是"水墨与极简风格"，生成一幅兼具水墨风格和极简风格的图画。这幅画的主题是泛舟湖上，通过俯视图和人物特写来凸显整体构图的趣味性，再通过禅意、光影对比和绿色色调营造宁静和谐的氛围。效果如图 7-81 所示。

图 7-81

💫 提示词

The vast green lake, white ripples at the water's edge. A boat floats in it, a man is sitting inside, ink painting with minimalist style, top view, and closeup shot of small figures, light and shadow contrast effect, green color tone --ar 9:16 --niji 6

7.7.4　中式与版画风格

此案例中，我们尝试生成肌理质感更复杂的图像。在 V3 和 NIJI 6 版本中采用画家 Hiroshi Yoshida（日本画家和木刻版画家，以精湛的"浮世绘"风格和对自然景观的深刻描绘而著称）的风格，效果极好。我们在确定好提示词的基础上使用重复迭代法，以"中国乡村"为主题，生成一幅中式风格与版画风格相结合的图画。画面有河流、房屋、牛、羊、鸡、鸭等，效果如图 7-82 所示。

图 7-82

 提示词

Rural China, sunset, afterglow of the setting sun, river, Chinese houses, cows, sheep, chickens, ducks, a wisp of cooking smoke, Hiroshi Yoshida and chinese style --ar 16:9 --niji 6

用上面的方法描绘一个中式传统节日的景象，比如中秋节，画面中有一轮代表团圆的月亮高挂在空中，街道上聚满了赏月庆节的人，效果如图 7-83 所示。

图 7-83

 提示词

A bid and round moon hangs in the sky, a street full of people, watching the moon together, large scenes, rich details, by Hiroshi Yoshida --w 51 --v 3

7.7.5　中式与手绘图稿风格

AI 绘画不仅能生成汉服效果图，还能生成含有古风元素的现代服装设计手稿图。虽然具体的尺寸不一定合适，但是图像元素可以作为参考，并从中获取灵感。

在此案例中，我们生成了一张中式旗袍婚纱的设计手稿。画面为一位穿着翡翠绿的中式旗袍婚纱的模特全身照。旗袍上混搭了刺绣和蕾丝图案。提示词中要体现时尚的设计、手绘和彩色草图。效果如图 7-84 所示。

图 7-84

提示词

Draw a full body photo of a Chinese socialite, wearing an emerald green wedding dress, the dress is accompanied by embroidery, sparkling and gorgeous jewelry, mixed with lace patterns, bright colors, and the best quality, using fashionable design sketches, color sketches --ar 1:1 --niji 5

7.7.6　中式与波普风格

波普艺术（Pop Art）起源于 20 世纪 50 年代，是一种艺术运动，旨在将流行文化和大众媒体的元素融入艺术创作。波普艺术以其明亮的色彩、平面化的构图和重复的图案而闻名，常常运用广告、漫画、电影和日常物品作为创作素材，强调艺术的通俗性和大众性。波普艺术在视觉上具有很强的冲击力。

在此案例中，我们生成了一张融合波普艺术风格和中式风格的画作。画面展现了一个可爱、美丽的中国女孩形象，提示词用到了波普艺术风格和柔和的柠檬色调（输入 lemon 时，可能出现柠檬色也可能出现柠檬，这是英文一词多义的表现），使得整个画面明亮清新，具有强烈的视觉吸引力。效果如图 7-85 所示。

图 7-85

 提示词

pop art, a Chinese girl, cute and beautiful, pastel lemon colors --ar 16:9 --niji 5

7.7.7　中式与二次元风格

　　Pixiv 是日本的一个知名在线艺术社区和社交平台，专门为艺术家和插画爱好者提供展示和分享作品的空间。自 2007 年成立以来，Pixiv 已经吸引了大量全球各地的用户，成为展示数字艺术、插画、漫画和其他视觉艺术作品的重要平台。

　　此案例中，提示词的核心是使用叠图法配合 Pixiv 生成中式风格与二次元风格融合的图像，效果如图 7-86 所示。

提示词

Masterpiece, traditional Chinese style, Pixiv, official art, anime style, best quality, a beautiful female --ar 2:3 --niji 5

图 7-86

7.7.8　中式与哥特式风格

哥特式风格起源于中世纪的欧洲，被广泛应用于建筑、绘画、雕塑、文学、服装等各个领域。哥特式风格以复杂的建筑细节、尖拱和飞扶壁而闻名，随着时间的推移，哥特式风格也被应用于绘画和装饰艺术中，常表现出神秘、夸张的特点，呈现出一种神秘而庄严的氛围。

在此案例中，我们尝试结合中式和哥特式风格生成一个弹琵琶的少女形象。因此提示词里包含了具体的环境及人物的细节，并配合虚词营造氛围。艺术家提示词用到了 Harry Clarke（爱尔兰彩色玻璃艺术家和书籍插画家，以复杂的哥特式风格而闻名，融合了新艺术风格和象征主义，作品以空灵的人物和精致的细节为特色）风格。画面以蓝色为主色调，进一步强化了画面整体的神秘感。效果如图 7-87 所示。

图 7-87

🎨 提示词

A beautiful girl with ethnic charm, she wore clothes with an exotic atmosphere, playing the pipa, dim night, blue tone, exquisite pipa, oil painting, Harry Clarke, cinematic elegance, finely rendered textures --ar 3:2 --niji 5

7.7.9　二次元与新艺术运动风格

阿尔丰斯·穆夏（Alphonse Mucha）是欧洲新艺术运动的重要代表人物，他以独特的风格化和装饰性美学在装饰画、商业插画、平面设计、广告招贴等方面展现出了极大的影响力。穆夏的作品以柔和的线条、丰富的装饰元素和梦幻的色彩著称，成为新艺术运动的象征。

在此案例中，我们在生成画面时，参考了穆夏的风格，使用了 9:16 的图像比例，呈现出了立绘的效果。注意，不同的图像比例会极大地影响内容最终的效果，提示词可以围绕图像比例的特点来撰写。效果如图 7-88 所示。

图 7-88

 提示词

Masterpiece, Mucha's illustration, traditional Chinese style, best quality, super detailed, a very delicate and beautiful girl, full body, standing, light purple, long flowing dress --ar 9:16 --niji 6

7.7.10 中式与矢量插画风格

矢量插画是现代插画中颇为流行的一种绘画风格，利用计算机软件生成线条和色块，使作品具有高可编辑性和清晰度。矢量插画广泛应用于广告、海报和书籍插图中，能够通过简洁而富有表现力的画面传达复杂的信息和情感。

在此案例中，我们以矢量插画为主要风格，结合 Victo Ngai 和 Art Station 的艺术风格。通过环境词"群山被云雾环绕"，展现红色建筑独特的视觉效果。效果如图 7-89 所示。

图 7-89

🔊 提示词

Vector illustration, red ancient architecture, movie poster, mountains surrounded by clouds, by Victo Ngai, trending on Art Station, light effect, detailed, high-definition --ar 16:9

7.7.11 中式与传统水彩风格

传统水彩画以轻盈透明的色彩和流动的笔触而著称，能够捕捉自然光影的微妙变化。在现代插画中，水彩风格常用于书籍插图、杂志封面和广告设计，传达出清新、柔和、温暖和宁静的氛围。

在此案例中，提示词的主要描述内容为"简单水彩插图风格，杂志插图风格，炎热的夏日，中国小镇庭院"，画面展现了一个宁静而温馨的夏日场景。效果如图 7-90 所示。

图 7-90

 提示词

Simple watercolor Illustrations, magazines style. It's a hot summer day, and a courtyard of Chinese small town --ar 3:2 --niji 6

7.7.12　风格融合综合案例

　　在现代艺术创作中，通过将不同艺术家的风格进行融合，能够创造出独特而丰富的视觉效果。这种风格融合不仅带来了新的艺术语言，还展示了多元文化的交流和碰撞。随着 AI 技术的发展，个性化艺术创作变得越来越容易，用户可以通过输入自己喜欢的艺术风格或特定主题，让 AI 生成符合偏好的独特艺术作品。这预示着一种新的趋势：AI 艺术作为一种新的艺术形式将与以往的艺术形式共存。

　　在此案例中，我们生成了一组关于十二星座的卡牌插画。此处提示词的主题词为双鱼座（两条鱼，对称塔罗牌），其他的十一个星座使用同样的艺术家提示词，仅仅调整主题词即可。在提示词中使用 Art Station 风格，采用超高细节，体现美丽的灯光，融合 James Jean、Moebius、Cory Loftis、Craig Mullins、Rutkowski、Mucha、Klimt 等多位艺术家的风格，这些艺术家中既有插画师也有厚涂画师，多位艺术家融合形成了独特而有趣的艺术语言。效果如图 7-91 所示。按此思路，我们融合多位国风大师风格，生成了霸气的孙悟空形象。效果如图 7-92 所示。

 提示词

Two fish, symmetrical tarot card, hyperdetailed, beautiful lighting, Art Station by James Jean, Moebius, Cory Loftis, Craig Mullins, Rutkowski, Mucha, Klimt --w 250 --h 500 --v 3

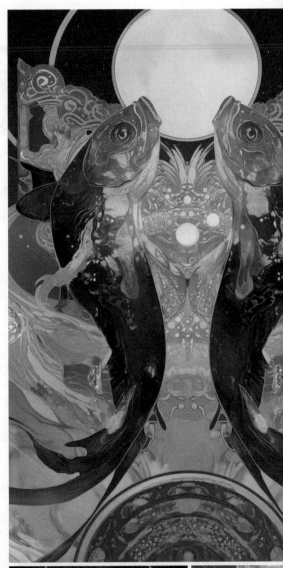

图 7-91

 提示词

A monkey-head human warrior with hair all over the body, wearing a phoenix crown, golden armor, and a red robe, holding a golden long stick, standing in front of a white dragon, the dragon faces to the audience, with a great sense of oppression, the style of Wu Guanzhong, Zhang Daqian, Qi Baishi, look up, minimalist, flat illustration, black and canary yellow, highest image quality, intricate details --ar 3:4 --stylize 1000 --niji 6

图 7-92

古风提示词综合运用赏析

 提示词

A giant whale is flying in the clouds, and a Taoist priest is sitting on it, wearing a white robe and carrying a long sword. It is a fusion of fine brushwork and ink painting, by Wu Guanzhong, Rutkowski, Qi Baishi --ar 5:9 --stylize 800 --niji 6

提示词

A man under a willow tree, a pond,all around are fluttering willows, an ancient Chinese pavilion, dim sky, the overall color scheme is mainly green and blue. by Chris Ofili, minimalism, low saturation color, a fairy tale illustration with dreamy colors, Matisse's color scheme, children's book illustration --ar 5:9 --stylize 1000 --niji 6

提示词

A Chinese girl with a bun in black Hanfu in front of a white cow. It is presented in the style of ink painting and watercolor, with delicate brushwork and elegant colors --ar 16:9 --stylize 1000 --niji 6

提示词

A military strategist in Chinese history, holding a sword, observing the terrain, directing the soldiers to advance. He occupies the center of the picture, some ancient buildings scattered in the mountains .Sketch style, black and white --ar 169 --sw 200 --stylize 400 --v 6

 提示词

Character design, concept art, ancient costume image, a beautiful girl, red clothes, smile, tempting, delicate face, elegant, long black hair,wide sleeves, strong contrast between light and dark, more details --ar 16:9 --niji 6

 提示词

Ancient Chinese generals, military maps, military tent interiors, strategic discussions, dynasty costumes, modern illustration style, bright colors, dynamic composition, light and shadow contrast, historical scene reproduction --ar 16:9 --niji 6

提示词

Snowy scenes in Chinese villages, tranquil rural scenery, the texture of watercolor paper, the smudges and graininess of watercolors, Joseph Zbukvic, Chien Chung Wei --ar 16:9 --iw 0.3 --v 6.1

提示词

Evening in an ancient water towns, some people in a boat, ancient Chinese architecture, architectural landscape watercolor painting, texture of watercolor paper, Joseph Zbukvic, Chien Chung Wei --ar 16:9 --niji 6